食品安全溯源技术

王　斌　徐晓轩　许　静　著

天津大学出版社
TIANJIN UNIVERSITY PRESS

内 容 提 要

古人云："民以食为天。"食品安全问题一直以来都是关系民生的大事。随着社会经济的快速发展和人们生活水平的不断提高，对食品安全问题的关注越来越多，因此运用先进的溯源技术建立食品安全溯源体系是至关重要的。本书对食品安全溯源技术进行研究分析，介绍食品安全溯源技术的研究与背景意义；对食品安全溯源体系进行概述，包括食品安全溯源的基本理论、基础原理、结构以及功能；阐述食品安全溯源系统建立的一般流程；对食品安全溯源体系国内外发展现状进行分析；介绍食品安全溯源体系的相关技术并对食品安全溯源技术作出总结和展望。

图书在版编目(CIP)数据

食品安全溯源技术 / 王斌, 徐晓轩, 许静著. -- 天津 : 天津大学出版社, 2023.8 (2024.8 重印)
ISBN 978-7-5618-7567-4

Ⅰ.①食… Ⅱ.①王… ②徐… ③许… Ⅲ.①食品安全－安全管理－研究 Ⅳ.①TS201.6

中国国家版本馆CIP数据核字(2023)第143569号

出版发行	天津大学出版社	
地　　址	天津市卫津路92号天津大学内（邮编:300072）	
电　　话	发行部:022-27403647	
网　　址	www.tjupress.com.cn	
印　　刷	北京虎彩文化传播有限公司	
经　　销	全国各地新华书店	
开　　本	787mm×1092mm　1/16	
印　　张	8	
字　　数	205千	
版　　次	2023年8月第1版	
印　　次	2024年8月第2次	
定　　价	49.00元	

前　言

古人云:"民以食为天。然而近年来,食品安全事件时有发生,严重威胁消费者的身体健康,食品安全问题不容忽视。食品安全溯源兴起于 20 世纪 80 年代,是保障食品安全的重要技术支撑体系之一。本书研究的食品安全溯源技术有着一定的理论价值和实际意义。食品的追溯系统应该建立在产业链的基础上,从产业链源头开始,一直到产品销售的终端消费者,实现食品安全全程相关信息的跟踪和回溯,为质量监管、消费者参与、产品召回、责任人确定、企业信用等管理活动提供数据支撑。本书具体包括以下几部分。

第 1 章:介绍研究的背景与意义,并对国内外研究现状进行综述,简要说明本书的研究方法与研究内容。

第 2 章:介绍食品安全溯源体系,包括基本理论、基本原理、结构和功能。

第 3 章:介绍食品安全溯源系统建立的一般流程,包括架构的设计、各环节的确定以及可记录单元的设计、信息筛选、编码设计、数据库结构设计以及溯源体系的实现。

第 4 章:介绍国内外食品安全溯源体系的发展现状,分析我国食品安全溯源系统建设过程中的障碍,提出建设食品安全溯源体系的必要性。

第 5 章:介绍食品安全溯源体系相关技术,以及这些技术在食品溯源过程中的应用。

第 6 章:对本书研究内容作出总结并提出展望。

由于作者水平有限,书中论述难免存在分析不当的之处,敬请读者惠予指正。

目　　录

第1章 绪论

1.1 研究背景与意义

1.1.1 研究背景

食品安全问题一直以来都是关系民生的大事,随着社会经济的快速发展和人们生活水平的不断提高,对食品安全问题的关注也越来越多。最近这些年,食品安全事件层出不穷,新闻媒体不断爆出触目惊心的食品安全事件,让人不寒而栗。比如,2008年的毒奶粉事件,很多食用三鹿集团生产的奶粉的婴儿被诊断出肾结石,随后在其奶粉中发现化工原料三聚氰胺。三聚氰胺被掺杂进食品中,可以提升食品检测中的蛋白质含量指标。但是,三聚氰胺进入人体后,会发生取代反应,生成三聚氰酸,三聚氰酸和三聚氰胺形成大的网状结构,造成结石。2015年7月,浙江省温州市瓯海区接到群众举报,称某卤味烤肉店销售的卤肉会使人上瘾,怀疑其中添加违禁物质。经相关人员调查发现,卤味烤肉店采用将完整罂粟壳放在汤料包里置于卤汤中卤肉,或将罂粟壳碾磨成粉末混入其他香料,直接撒在卤肉上等方式,进行违禁物质的不法添加,并在现场查获混有罂粟粉的调味料20克、罂粟壳350克。2020年4月,云南邵通销毁近百吨问题大米,其中添加了违禁物质,多表现为镉超标。据了解,被销毁的问题大米是厂家早前从湖南益阳购入的,涉及7家生产企业。检测结果显示,大米中的镉含量远远超过国家规定的上限。2020年5月,湖南郴州再次惊现"大头娃娃",据相关媒体报道,郴州永兴县多名家长相继发现自己孩子身体状况出现异常,如湿疹、体重严重下降、头骨畸形酷似"大头娃娃"、不停拍打头部等情况。经医院确诊这些患儿均为"佝偻病",并且证实都食用了一款同名"倍氨敏"的"特医奶粉"。此次事件的源头是卖家为了扩大销量从而牟利,采用过度渲染产品性能的行为,造成欺诈、误导消费者的严重后果。2020年11月,网红主播辛巴直播间售卖的燕窝被质疑为"糖水",其团队疑似售假事件引发关注,随后有人提供一份检测报告,其中显示该直播间所售燕窝的蔗糖含量高达4.8%,以此推断该款产品的工业成本不超过每份1元钱,产品就是"糖水"。之后,直播间负责人辛巴针对此事发声,承认自己夸大宣传产品性能,误导消费,并且会将已经售出的燕窝全部召回。最后,广州市市场监督管理局对直播公司作出罚款90万元的行政处罚,并对燕窝销售公司作出罚款200万元的行政处罚。

以上事件均为近年来发生的食品安全危害事故,这些食品安全事件,给社会造成了恶劣影响,引起了大规模的舆论事件,造成消费者心理恐慌,引发了严重的信任危机,进而阻碍了食品行业的持续发展,造成经济和社会发展的不稳定。许多不法商家为了节约成本,牟取暴利,在食品生产中进行不法添加,或是生产假冒伪劣产品,这严重危害到消费者的身体健康与生命安全。

近年来,我国政府和相关组织都在积极推行食品安全溯源系统。"国家建立食品全程追溯制度"在 2014 年《中华人民共和国食品安全法》修订时,被写进草案,自 2015 年 10 月 1 日起施行。食品安全溯源体系的建立,使得食品在生产供销的各个环节中,食品质量安全及其相关信息能够被顺向追踪,或者逆向回溯,从而使食品在整个生产经营活动过程中始终处于管理主体的有效监控范围之中。就国外发展情况来看,从 20 世纪 90 年代开始,许多国家和地区便通过建设食品安全溯源系统来推进食品安全监管。美国、欧盟国家和日本开始得比较早,已经建立起一套完善的食品安全溯源体系,使食品安全全程受到监控。因此,在经济全球化的今天,建设食品安全溯源系统,也是适应国际市场、打破国外食品贸易壁垒、扩大出口贸易的需要。

1.1.2　研究意义

建立实施食品安全溯源体系是保证食品安全的一项重要措施,也是适应国际贸易、增强消费者信心、保障消费者健康的重要手段。

1)适应国际进出口贸易

目前世界上已有 20 多个国家和地区利用各种编码系统,对食品生产、供给、储藏及销售等各个环节进行标识,实现食品链跟踪与追溯。

随着经济全球化,自由贸易已成为世界贸易的潮流。根据"符合性评定原则",出口食品必须符合进口国要求。食品追溯制度成为食品国际贸易新的要点之一。

2)维护消费者对所消费食品生产情况的知情权

食品安全溯源体系的建立,能够保证食品链的基本属性信息和与食品安全相关的关键信息被记录和保存下来,通过查询,可满足消费者对信息的需求,维护消费者的知情权。

3)提高食品安全水平,减少食源性疾病发生

食品安全溯源体系在面对食品安全事故时能尽快找出原因。通过追溯和跟踪,可了解不安全食品或食品原料的去向和分布,及时采取召回措施,尽量减少不安全食品的影响,最终提高食品安全水平,减少食源性疾病的发生。

4)促进企业改进生产工艺,降低损失

食品安全溯源体系中,产品与原料直接相连,有助于优化生产工艺流程,提高原料的使用率,减少高品质原料和低品质原料的混合,更易进行质量审核程序。

5)保障国家安全的重要组成部分

食品安全溯源体系,面对日益复杂化、国际化和多元化的食品系统,具有保障人民生命健康和国家安全的重大意义。

1.2　国外研究现状

食品安全溯源体系已经在美国、欧盟国家、加拿大、日本、澳大利亚等发达国家和一些发展中国家实施,并成为这些国家加强食品安全监管、建立食品风险预警机制的重要工具。国外最初研究食品溯源方法是因为 1996 年英国暴发的疯牛病,人类食用感染了疯牛病病毒的牛肉和相关制品也会感染疯牛病。这起事件对社会造成了很大影响,人们开始重视食品安

全问题,在此安全需求下,食品安全溯源体系开始建立起来。溯源是对食品加工、生产、流通和销售各个环节进行追溯和分析,建立健全的食品溯源体系能够保障食品的安全。

2000 年 1 月欧盟出台了《食品安全白皮书》(WhitePaper on Food Safety),《食品安全白皮书》是欧盟国家食品追溯法律法规体系中的标杆和基本法,它保证了欧盟具有食品安全的最高标准,对欧盟委员会而言,这是一项具有优先权的重要政策。第一,倡导建立欧洲食品安全局,负责食品安全风险分析和提供该领域的科学咨询;第二,在食品立法当中始终贯彻"从农场到餐桌"的理念;第三,明确提出了食品和饲料从业者对食品安全负有责任义务;第四,引入并形成风险预测和关键点控制的危害分析及关键控制点(Hazord Analysis and Critical Control Point,HACCP)体系。同年又出台了(EC)No.1760/2000 号法规(又称《新牛肉标签法规》)。该法规要求所有在欧盟国家上市销售的牛肉产品必须具备可追溯性,在牛肉产品的标签上必须标明牛的出生地、饲养地、屠宰场和加工厂,否则不允许上市销售。2002 年 1 月欧洲议会和理事会制定出 EU178/2002 号法规,即《食品基本法》,2005 年 1 月 1 日在欧盟生效。该法规主要包括食品法规的一般原则和要求,其建立了欧洲食品安全局(European Food Safefy Authority,EFSA)并拟定了食品安全事务的程序,也是欧盟重要的法规。该法规的第十八条确定了以下食品溯源原则:第一,在所有的食品生产加工环节都要建立食品安全溯源体系;第二,食品安全可追溯体系要保证做到在整个食品供应链中,从前向后、从后向前都可追溯;第三,所有的食品或者市场出售的食物都必须有足够的标识,保证食品安全可追溯。该法规的第十九条详细规定了食品出现安全问题的召回制度,明确了食品出现安全问题时,食品的生产经营者要做到:第一,食品生产者要立即召回生产的食品,并通知相关监管部门和消费者;第二,食品的销售商要在其可控范围内,按照食品安全的有关法规,启动食品召回程序召回食品。欧盟从 2003 年 10 月开始施行的《转基因食品及饲料管理条例》等有关转基因食品追溯的法律规定,将转基因食品的追溯信息与标签标识制度相结合,要求建立专门针对转基因食品的追溯体系,并于 2004 年开始强制实施追溯。通过对转基因食品的追溯管理,可以避免转基因食品对人体造成健康危害,保护公众合法权益,维护社会稳定。

为充分发挥食品安全可追溯制度保证食品质量、维护食品消费安全的作用,欧盟对于食品追溯的范围不断扩展,从牛肉产品扩展到几乎所有的食品领域,构建了涵盖肉制品、蔬菜、水果等众多食品的比较完善的食品追溯法律法规。

2001 年,日本政府建立了牛肉制品的溯源体系,该体系可以查询到牛肉产品的产地、使用的添加剂、屠宰加工厂以及流通环节等详细信息。之后日本将溯源体系应用到畜牧行业,消费者可以通过扫描畜牧产品上的二维码查询到供应链流程的详细信息。同年,食品安全可追溯的方案在欧盟实施,欧盟发布了《食品安全白皮书》,建立了农产品"从农田到餐桌"的可追溯理念,《欧盟食品基本法》规定只要是在欧盟国家销售的食品必须能够追溯,禁止进口和销售不具备可追溯功能的食品。继欧盟食品安全危机后,美国也开始致力于食品安全溯源方法的构建,2002 年美国议会颁布了《生物性恐怖主义法案》,规定相关企业生产加工的食品必须建立食品安全溯源系统。之后美国政府建立了猪肉质量溯源系统,全面监控猪肉从养殖到销售的供应链全流程。

1.3 国内研究现状

我国相对于欧盟国家等在食品安全溯源方面的研究相对滞后,但这并不影响科研工作人员和政府对食品安全溯源方法研究的热情。我国研究食品溯源体系始于 2002 年,在长期研究的过程中,逐步制定了相关政策标准。2002 年北京市政府制定了食品安全可追溯制度,要求建立食品产地、生产日期、加工方式、物流信息、销售商情况等信息的溯源档案。2004 年,国家食品药品监督总局为保证肉类食品的安全,建立了肉类食品的溯源方法。为应对欧盟在 2005 年实施的水产品贸易追溯制度,加强其推广力度,促使我国水产品出口贸易尽快适应国际规则,国家质检总局出台了《出境水产品溯源规程(试行)》,严格要求出口水产品及其原料需按照《出境水产品溯源规程(试行)》的规定标识;中国物品编码中心会同有关专家,借鉴欧盟国家的经验制定了《制品溯源指南》,这一指南为牛肉制品生产企业提供了质量溯源的解决方案。2011 年工信部针对奶粉等乳制品频繁发生的安全事故,制定了《食品工业"十二五"发展规划》,该规划提出了食品安全溯源方法,并要求相关食品生产企业建立食品安全溯源系统,着重实现乳制品的溯源系统。2013 年我国政府针对三聚氰胺奶粉和瘦肉精等事件,要求重点加快婴幼儿配方奶粉、猪肉类食品溯源方法的建设。党的十八大和十八届二中全会通过《国务院机构改革和职能转变方案》,新组建的国家食品药品监督管理总局统一监督管理食品药品质量安全全过程,并同农业部、卫计委一并执行追溯监督事务,具体分工为:国家食品药品监督管理总局统一监管食品的生产加工、储存流通、销售消费等生产链所有环节,农业部负责初级食用农产品生产环节的监督管理,国家卫生和计划生育委员会负责评估食品风险和拟定国家标准。2015 年国务院办公厅出台《关于加快推进重要产品追溯体系建设的意见》,将责任主体和流向管理作为核心的全过程、动态协作机制,将追溯码作为载体,以此推动追溯管理与市场准入相衔接,形成标准统一、信息互通、社政互联的追溯体系并不断创新管理模式。2017 年,龚攀提出了牛奶溯源系统的设计与实现,主要采用射频识别(Radio Frequency Identification,RFID)技术实现牛奶供应链的溯源。2017 年10 月,国家质量监督检验检疫总局、商务部、中央网信办、国家发展改革委、工信部、公安部、农业部、卫生计生委、国家安全、国家食品药品监管总局等十部门联合印发了《关于开展重要产品追溯标准化工作的指导意见》,商务部、工业和信息化部、公安部、农业部、国家质量监督检验检疫总局、国家安全监管总局、国家食品药品监管总局等七部门联合印发《关于推进重要产品信息化追溯体系建设的指导意见》。2017 年京东、沃尔玛、IBM 共同签署成立中国首个食品区块链溯源联盟协议,为消费者的食品安全作保障。

虽然食品安全溯源系统经历了漫长的发展过程,但中心化的溯源系统仍然存在高度集中化、安全性低、数据共享差、可追溯信息少和容易受到攻击等问题,因此,食品安全溯源体系有待强化和完善。

1.4 研究方法与研究内容

1.4.1 研究方法

1. 文献研究法

为了有更为充实的理论基础和论证论据,在写作之前,笔者通过各种途径收集、查阅、整理相关专著、期刊、学位论文、会议论文等资料并进行总结归纳,特别是食品安全和溯源方面的研究成果,对本书论点的形成有很大帮助。

2. 图表分析法

使用图表归纳分析,可以增强本书的直观性和生动性,使本书论述的内容更加清晰易懂,让读者一目了然。

1.4.2 研究内容

本书具体内容如下。

第 1 章:介绍研究的背景与意义,并对国内外研究现状进行综述,简要说明本书的研究方法与研究内容。

第 2 章:介绍食品安全溯源体系,包括基本理论、基本原理、结构和功能。

第 3 章:介绍食品安全溯源系统建立的一般流程,包括架构的设计、各环节的确定以及可记录单元的设计、信息筛选、编码设计、数据库结构设计以及溯源体系的实现。

第 4 章:介绍国内外食品安全溯源体系的发展现状,分析我国食品安全溯源系统建设过程中的障碍,提出建设食品安全溯源体系的必要性。

第 5 章:介绍食品安全溯源体系相关技术,以及这些技术在食品溯源过程中的应用。

第 6 章:对本书研究内容作出总结并提出展望。

第 2 章　食品安全溯源体系概述

2.1　食品安全溯源体系的基本理论

2.1.1　食品安全内涵

1. 食品安全介绍

"食品安全"这一概念最早是在 1947 年由联合国农粮组织提出的。对很多人来说,"安全"的含义可能是指一种没有危险或者袭击的现实状态。但是,英文中的 safety 是指没有现实危险并远离危险的隐患。从国内乃至世界范围对"食品安全"的定义来看,这是一个迄今为止还没有被统一和确定的概念。食品安全的控制一直都是近年来学者们的研究热点,它关系到相关法律法规的制定、整个物流系统的监控以及食品的追溯范围等一系列问题,所以辨析食品安全的内涵有着十分重要的意义。

食品安全(Food Safety)是指食品不存在有害物质,符合本该有的营养价值标准,不造成任何人体健康急性、亚急性或者慢性危害。据倍诺食品安全定义解释,食品安全是"食物中有毒、有害物质对人体健康影响的公共卫生问题"。食品安全也是专门探究在食品加工、存储、销售等过程中保证食品卫生及保障食用安全、降低疾病隐患、预防食物中毒的一个跨学科领域,因此,食品安全至关重要。2013 年 12 月 23 日至 24 日中央农村工作会议在北京举行,习近平总书记在会上发表重要讲话时强调,在食品安全上能不能给老百姓一个满意的答卷,这是对执政能力的考验。食品安全,是需要"管"出来的。

食品(食物)的种植、养殖、生产、加工、包装、储藏、运输、销售、消费等活动都要符合国家的强制标准和要求,对于可能损害或威胁人体健康的有毒有害物质导致消费者病亡或者危及消费者后代的隐患的情况一律不允许出现。该概念明确了食品安全不仅包含生产安全、包含经营安全;还包含结果安全、过程安全、现实安全以及未来安全。

2009 年《中华人民共和国食品安全法》第十章附则第九十九条第二款规定:本法下列用语的含义:食品安全,指食品无毒、无害,符合应当有的营养要求,对人体健康不造成任何急性、亚急性或者慢性危害。

食品安全的含义有以下三个层次。

第一层:食品数量安全,指一个国家或地区能够保障生产,解决民族基本生存所需的膳食问题。要求大众既可以买得到又能买得起生存生活的必需食品。

第二层:食品质量安全,指提供的食品在营养、卫生方面均达到和保证人群的健康需求,食品质量安全涉及食物是否受到污染、是否含有毒物质,是否添加剂超标、标签是否合格等问题,并且需要在食品受污染之前,提前采取措施,预防食品的污染和遭遇主要危害因素侵袭。

第三层:食品可持续安全,指从长远眼光来看,要求获取食品需要注重保护生态环境,实现资源可持续利用。

2. 安全标准

（1）严格限量规定食品及相关产品中致病性化学性物质、有毒物质残留、重金属、污染物质以及其他危害人体健康物质的含量。

（2）包含所有食品添加剂的种类、使用范围、使用量。

（3）专供特殊人群,如婴幼儿的食品安全营养成分要求。

（4）涉及营养有关的标签标识说明要求符合标准。

（5）符合与食品安全相关的质量检测要求。

（6）符合食品检验方法与规程。

（7）符合其他食品安全标准制定的相关内容。

（8）食品中所有的添加剂必须详细列出。

（9）食品中严禁使用违禁的化学物质。

2.1.2　食品安全溯源体系

1. 食品溯源

溯源,即"可追溯性", ISO 9000：1987 将其定义为通过标记流程标识的方法,追溯某一环节的历史、应用或所处场所的能力。ISO 9000:2000 关于溯源的记录为:有需要时,组织应当在产品实现的整个过程中使用合适的方法识别产品;组织应当在产品实现的整个过程中,有的放矢地监控和检测识别产品处于某个状态;在有需要可追溯的场合,组织应当控制产品的唯一公认标识,并保持相应记录。

食品溯源,又称为"食品可追溯性",即"Food Traceability"。但至今国际上没有一个统一的定义,较典型的定义有:①欧盟食品法将其解释为在整个食物生产、加工和配送过程中溯源和追踪食品、饲料、食品动物、食品添加成分的能力;②国际食品法典委员会（Codex Alimentarius Commission， CAC）将"食品可追溯性"定义为追溯食品在生产、加工和流通过程中任何指定阶段的能力;③国际标准化组织将食品溯源定义为溯源食品的产地、使用以及来源的能力。

不管如何定义,食品溯源均包括"追"和"溯"两种能力。就是通过信息登记储存等技术手段对食品产供销的各个环节中的食品质量安全及其相关信息进行正向追踪（即生产源头到消费终端）或者逆向回溯（即消费终端回到生产源头）,从而让食品的生产经营活动始终有迹可循。食品安全溯源技术的应用有助于快速召回问题食品,明确责任主体,保护消费者合法权益。食品溯源流程如图 2-1 所示。

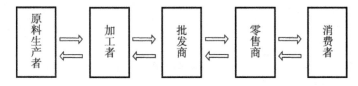

图 2-1　食品溯源流程

2. 食品安全溯源体系

食品安全溯源体系,起源于 1997 年欧盟为了解决"疯牛病"问题,逐渐制定并实施的食品安全管理制度。这套食品安全管理制度是由政府主导,保证食品生产基地的覆盖、食品企业的加工、食品终端销售等食品产业链条全过程的协调进行,利用专用硬件(类似银行取款机系统)来实现信息共享,服务于消费者。如果食品质量在某一环节产生了问题,那么即可利用食品标签上的溯源码进行网上查询,直接查出该食品的生产源头企业、食品的原料产地以及其他具体信息,就可以很快明确事故方相应的法律责任。这一体系的实行不仅能够明晰职责、明确划分管理主体和被管理主体的责任,还能有效地将不符合安全标准的食品处置掉,提高工作效率,保证食品质量安全,这对食品安全与食品行业自我约束起到了很大作用。

2.2 食品安全溯源体系的基本原理

2.2.1 ISO 22000 食品安全管理体系

ISO 22000 标准适用于从食品初级生产者到零售商之间供应链内各种企业以及与其相关的企业或组织,包括生产食品包装材料和食品加工器具的企业等,是国际标准化组织制定的、全世界认可的自愿性食品安全管理标准。ISO 22000 标准不仅是描述食品安全管理体系要求的指南,也是食品生产、加工和销售企业认证和注册的基础。ISO 22000 扩展 ISO 9000 标准体系的结构,将危害分析与关键控制点(Hazard Analysis and Critical Control Point,HACCP)原理作为整个系统的根本方法,明确将危害分析作为实现食品安全的必要步骤,将国际食品法典委员会(CAC)制定的生产步骤中的产品特性、流程图、加工步骤、控制措施、预期用途和沟通作为危害分析的必要项,同时将 HACCP 计划与其前提方案动态结合起来。ISO 22000 结构见表 2-1。

表 2-1 ISO 22000 结构

序号	内容	序号	内容	序号	内容
1	范围	5.6	沟通	7.4	危害分析
2	规范性引用文件	5.7	应急准备和响应	7.5	操作性前提方案的建立
3	术语和定义	5.8	管理评审	7.6	HACCP 计划的建立
4	食品安全管理体系	6	资源管理	7.7	预备信息的更新、规定前提方案和 HACCP 计划文件的更新
4.1	总要求	6.1	资源提供	7.8	验证策划
4.2	文件要求	6.2	人力资源	7.9	可追溯系统
5	管理职责	6.3	基础设施	7.10	不符合控制
5.1	管理承诺	6.4	工作环境	8	食品安全管理体系的确认、验证和改进
5.2	食品安全方针	7	安全产品的策划和实现	8.1	总则
5.3	食品安全管理体系策划	7.1	总则	8.2	控制措施组合的确认
5.4	职责和权限	7.2	前提方案	8.3	监视和测量的控制
5.5	食品安全小组组长	7.3	实施危害分析的预备步骤	8.4	食品安全管理体系的验证
				8.5	改进

2.2.2　HACCP 食品安全体系

危害分析与关键控制点（HACCP）是食品安全领域内预防食品管理出现偏差的一种纠正体系，目的是保障食品在生产、加工、制造、准备和食用等过程中的安全，是一种危害识别、评估和控制方面的科学、合理和系统的管理方法。HACCP 的组成部分如图 2-2 所示。

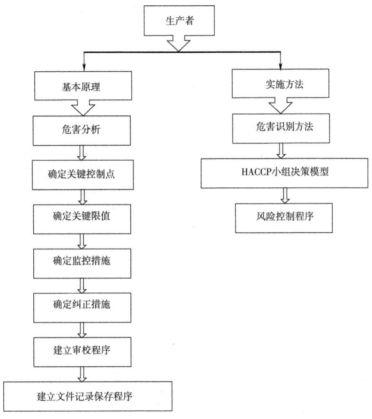

图 2-2　HACCP 的组成部分

1. 危害和危害分析

危害是指食品中可能危害人体健康的物理性污染物、化学性污染物、生物性污染物以及会污染食品的其他因素。物理性污染物包括金属碎屑、放射性物质等；化学性污染物包括农兽药残留、食品添加剂、杀虫剂、清洗剂等的过量，工业污染物等；生物性污染物包括各种致病性细菌、病毒、寄生虫以及它们的代谢产物等。

危害分析是指通过各项实验数据对可能造成食品生产加工过程中出现污染的各种因素进行整体分析，发现并确定有害污染物及其他有害因素的分析过程，是 HACCP 体系中的重要内容和关键程序。

2. 确定关键控制点

在生产加工过程中，工序繁杂，工作人员无法对每个加工步骤都事无巨细地加以监控，因此选择一个或几个重点操作流程尤为重要。食品生产加工过程中，任何可能对食品加工结果产生巨大影响的操作方法或步骤、场所或设施设备,都能作为生产过程中的关键控制点。关键控制点(CCP)有两种类型的控制强度:一类是CCP1,即能完全消除危害因素的关键控制点;另一类是CCP2,即能在一定程度上减轻但不能完全消除危害因素的关键控制点。CCP1和CCP2具有同等的重要性,必须同等重视起来加以控制。

3. 确定关键限值

关键控制点需要通过数值来进行控制,为每个CCP设置一个标准安全值,当生产操作中的数值低于这个标准安全值时,表示食品的生产没有出现偏差。这些标准安全值可以是常用物理参数,也可以是专用化学参数,甚至可以是通过感官来判断的一些参数。

4. 确定监控CCP的措施

确定了关键限值后,需要通过一些监控措施对CCP进行有序的观察和测定,并进行准确的记录,以确保CCP始终处于正常工作状态,用于之后系统控制情况的动态评估。通过对加工过程中物理和化学参数连续不间断的监控,确保CCP始终在控制范围内。

5. 确定纠正措施

当CCP监控系统检测到控制因素偏离关键限值时,要及时采取纠偏措施,使CCP回归正常水平,才能保证接下来的食品生产均处于正常状态。纠偏要准确地记录纠正过程,为后续工作备份。

6. 建立审核程序

应该为HACCP系统建立审核程序,目的在于保障HACCP系统始终正常运转。审核措施主要是对各项工作的复核,包括HACCP计划、关键控制点记录等,也可通过抽样检测等方法来审核。

7. 建立文件记录保存程序

系统运行中的各种记录都是HACCP系统准确执行的关键,应将所有信息分门别类整理归档,便于在后续工作当中出现问题时能够及时解决。一些必需的书面文件包括:系统执行数据信息、各项工作表、纠偏记录、审核报告等。

2.2.3　良好生产操作规范

良好生产操作规范(Good Manufacturing Practice, GMP)是对企业从生产过程到设施设备等有关生产的各方面所需达到的标准要求,在卫生与安全方面要符合国家法律规范,指导企业进行科学高效的生产,是一种适用于制药、食品等行业的强制性标准。GMP应用先进的科学技术和管理办法,可以为生产加工中的方方面面制定具体准则,同时能够解决生产加工中的问题,具有很强的针对性和实操性,是目前大部分食品企业都在使用的一套安全标准。

2.2.4　卫生标准操作程序

卫生标准操作程序(Sanitation Standard Operation Procedures, SSOP)是为了消除食品加工过程中的有害因素、确保食品加工符合卫生要求而制定的用于指导食品生产中清洗、消毒和保持卫生状态的具体操作程序。其主要内容包括八个方面:水和冰的安全、食品清洁、防止交叉污染、清洁设施维护、防止外来污染、毒化合物处理、加工作业人员的健康、害虫灭除控制。

1. 水和冰的安全

生产用水(冰)的卫生质量严重影响食品加工过程中的安全和卫生。任何食品的加工必须确保水(冰)的安全。食品加工企业要制订全面科学的 SSOP 计划,首先要将与食品接触的水(冰)的来源与处理以及非生产用水、污水处理的交叉污染问题纳入计划。

2. 食品清洁

食品的接触表面长时间暴露在空气中,加工设备、加工器具、操作台案、加工人员的手或手套、工作服等均会与食品表面进行直接接触,未经过全面清洗消毒的冷库、卫生间的门把手、垃圾箱等也可能与食品间接接触,对食品进行再清洁能够有效防止食品污染。

3. 防止交叉污染

食品原材料、原辅料、生食、食品加工过程中或食品加工环境均有可能将化学或生物污染物转移到食品中,造成交叉污染。预防污染的工厂设计、原材料和熟食产品的隔离、防止污染的管理控制措施等方法,都能在一定程度上杜绝交叉污染现象的发生。

4. 清洁设施维护

食品生产过程离不开各种清洁设备与设施,工作人员每天进行数次清洁以防止造成食品的污染,清洁所需的设施同样需要进行维护和及时更换,避免清洁效果不达标造成食品的间接污染。

5. 防止外来污染

杀虫剂、清洁剂、消毒剂、润滑剂、燃料等化学物品经常出现在食品加工过程中,使用时难免会产生一些垃圾废物,在生产中要对这些外来污染物进行严格的控制,防止污染食品产生不良后果。

6. 毒化合物处理

食品加工过程中需要特定的化学制品,如洗涤剂、消毒剂(如次氯酸钠)、杀虫剂(如1605)、润滑剂、实验室用药品(如氰化钾)、食品添加剂(如硝酸钠)等。企业在正常生产活动中需要用到这些物品,但必须严格按照产品说明书使用,做到正确标记、储存,使用时小心谨慎以防止污染食品。

7. 加工作业人员的健康

食品加工作业人员(包括检验人员)通常会与食品进行直接接触,因此会直接影响到食品的安全与卫生。做好人员管理,禁止患病或有外伤等身体不适的员工进行与食品有直接接触的工作,以避免造成食品的微生物污染。

8. 害虫灭除控制

啮齿类动物、昆虫或其他动物等都有可能携带人类致病菌或疾病衍生细菌。由害虫传播导致的食源性疾病危害巨大,因此预防和控制虫害对食品加工厂至关重要。食品加工区域内要重点进行虫害防治,保证加工过程中的安全与卫生。包括工厂周围、厕所、污物出口、垃圾箱周围、食堂、储藏室等在内的食品加工厂全范围也要进行害虫的灭除和控制。

2.3　食品安全溯源体系的结构

2.3.1　食品安全溯源体系的主体

1. 食品生产者

食品生产者涵盖了最初环节的农产品生产人员(不排除种植者与养殖者)、食品加工人员与饲料生产人员。食品生产人员的工作本质是将整个适宜的环境、阶段、养殖个体与养殖环节的信息,在食品安全溯源系统中记录好,而质量安全信息为重中之重,同时还要将此类信息不断传输给下游企业与数据中心。

2. 食品加工者

食品加工企业的职能是把食品所需的材料信息(原料、添加剂)、食品生产环节中的信息(加工环境、加工人员、加工工艺、添加剂使用情况、产品质检信息等),还有食品的销售信息录入食品安全溯源系统中,并负责将相关信息传递给食品链下游企业和数据中心。

3. 流通企业

食品的保存与运输是流通企业承担的责任。流通企业的主要工作内容是将保存食品的地方、环境变化、位置转换情况以及要通过冷冻、冷冻运输的食品准确无误地记录在案,特别是存储环境(温度、卫生指标等),不仅如此,还要将这些信息传输给下游企业与数据中心。

4. 食品安全监督管理部门

食品安全监督管理部门在食品安全溯源系统中对食品生产、加工和外部流通过程进行有效的监督管理和验证检查,对食品安全进行检测,并监控食品生产者与食品加工者全部录入数据的准确性,保证其真实性与有效性。

5. 系统管理机构

系统管理机构主要是处理食品溯源系统的问题和日常维修,为系统进行权限分配,监控系统客户所输入的信息,让食品安全信息的传输发挥最大化。

6. 消费者

消费者借助食品安全溯源系统提供的多种方式对食品安全可追溯信息进行查询,这些信息涵盖食品从生产至销售的全过程。

2.3.2　食品安全溯源体系的整体架构

从三个层面展开食品安全溯源系统的整体架构,分别是信息采集层、信息处理层和信息服务层。

1. 信息采集层

信息采集层的作用是按照 HACCP 原理确定食品安全可追溯每个环节的质量安全要素,在生产阶段实现在线采集、生产履行信息现场快速采集与冷链设施环境中运用实时采集等技术,进一步得到生产、加工、运输还有消费过程中有关的质量安全信息,为食品安全溯源系统提供一定的数据保障。

2. 信息处理层

信息处理层通过编码技术、数字化技术、信息交换技术,组成了食品生产、加工、储运以及消费环节的质量安全信息管理系统,这是信息处理层的主要作用,它能实现食品安全信息自产地至销售的有序、规范管理。

3. 信息服务层

信息服务层的主要作用是建设食品安全可追溯平台,并利用移动溯源终端、通信手段、互联网以及手机 App 等多元化的手段向监管者、消费者提供食品安全可追溯信息咨询服务。

2.4　食品安全溯源体系的功能

食品安全溯源体系的构建,使充分共享食品供应链信息成为可能,使全程供应链可视性成为现实。根据前文可知,食品安全溯源体系与食品的生产是一起诞生的,食品安全溯源体系就是对食品生产全过程所进行的完整记录,实质就是详细记载食品成长的日记,是食品成长的见证人,不是食品供应链某个生产者能够看到这些信息,全部食品供应链生产者都能够看到,食品供应链上各个生产商对于食品的详细信息进行了解,依靠食品安全溯源体系构建的中央数据平台就能够实现,这在很大程度上消除了食品生产信息不对称现象,提高食品生产供应链管理效率,为食品供应链各个生产商增强计划性提供依据,促进了各生产商利润的提高,成为它们改进技术的督促动力,从而实现提高生产效率的目标,达到良性循环食品供应链管理。

食品安全溯源体系供应链上信息流所具备的可协调特征,极大地降低了流通环节交易成本,并使各利益相关者了解自己需要的所有信息极为便利,提高了沟通效率,降低了沟通成本,在最终依靠食品安全溯源体系就能够充分掌握食品生产全过程信息,有利于指导生产,促进库存的降低,便于保质期比较短的食品进行循环流通,有利于大大缩短生产周期,促进物流成本的降低。

消费者依靠查询公共信息平台系统,有利于对食品生产和流通所有信息进行查询,从而使消除消费者和生产者之间信息不对称现象成为可能,便于消费者买到放心产品。政府依靠食品安全溯源体系也有利于全程监管整个供应链,促进监管成本的大大降低,从而避免多段式监管带来的瓶颈。

总而言之,食品安全溯源系统的功能可以用"源头可追溯、生产(加工)有记录、流向可跟踪、信息可查询、产品可召回、责任可追究"来概括。

(1)源头可追溯,利用食品安全溯源系统实现源头可追溯,即可找到生产食品的原材料对应信息,主要有原材料产地信息、原材料生产环节中的信息等。若不能得到处于生产环节中的原材料信息,那么就一定要了解原材料采购于哪里。

(2)生产(加工)有记录,主要涵盖了两个方面:一方面是初级农产品单位需要在生产阶段将信息准确地保存下来,主要包括生产资料信息、生产过程信息,其中化肥与农药的运用情况是最主要的,这样就形成生产过程信息档案;另一方面是食品加工企业应将食品加工原材料、食品添加剂,以及食品的加工批次、过程和食品质检等信息记录下来,形成一个加工过程信息档案。

（3）流向可追踪是指生产加工企业需要记录好食品的销售信息,而这里面主要需要记载销售对象、运输环节信息(运输路线、环境变化等),冷冻食品应当尤其重视。

（4）信息可查询,食品安全溯源系统应通过网站、电话、短信、置于卖场的触摸屏等多种渠道向消费者、企业内部人员、监管者提供食品安全信息的查询服务,同时还包括为管理者提供移动溯源终端等。

（5）产品可召回,责任可追究,此类情况通常是在食品安全出现问题的时候,利用食品安全溯源系统能够将存在问题的厂家、批次等暴露出来,并将其中有问题的食品进行召回;同时用最短时间将存在问题的环节和企业找出来,针对有关企业办事不力给予惩处。

第 3 章　食品安全溯源系统的建立

按信息系统基本构架,食品安全溯源系统应包括系统设置、信息输入、信息处理、信息查询和数据库等几个基本功能模块。食品供应链是一个从农田、农场或采集地(源)到餐桌(端)的过程。食品追溯的目的是对一个单位的食品进行追溯,包括从食品供应链的源头、中间到末端的各个环节。根据一般信息系统建立的原则,结合食品安全溯源系统的特殊性,其建立的程序可以分为以下七步:

(1)系统构架的设计;

(2)确定食物链的每个环节或节点;

(3)筛选可追溯信息指标;

(4)确定各环节食品或原料的最小可追溯单元;

(5)编码设计,包括设计产品或产品包装、原料或原料包装、场所代码;

(6)构建数据库基本结构;

(7)系统实现。

3.1　食品安全溯源系统架构的设计

3.1.1　食品安全溯源系统总体架构

一般溯源系统应当具有识别、数据准备、数据采集、数据存储和数据验证等功能。根据我国食品产业和食品供应链的特点,我国构建以消费者、监管部门和企业等用户为引导的食品全程溯源系统框架,该系统由系统设置模块、数据输入模块、数据处理模块和数据查询模块等四大功能模块和数据库构成,如图 3-1 所示。

(1)系统设置模块:用户权限设置、数据库维护管理、可追溯性指标添加、可追溯性模式设置。

(2)数据输入模块:对食品每个环节的输入信息进行初次处理并写入数据库。

(3)数据处理模块:在数据库中读出食品各环节的预处理数据,按照预定的算法计算,进行排序及其他处理后再写入数据库。

(4)数据查询模块:根据用户需求调用数据库查找并显示相关信息。

(5)数据库:用于保存数据。

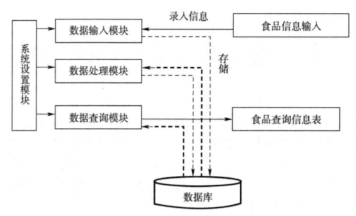

图 3-1　食品安全溯源系统总体架构

3.1.2　食品安全溯源系统操作层架构

信息系统的主要部分是数据库系统。从数据库系统的发展历史看,数据库系统已经从集中式数据库向分布式数据库转变。

1.集中式数据库

集中式数据库系统是指数据库中的数据只需存储在一台计算机中,并在该台计算机中集中处理数据。

1)集中式数据库系统的优点

(1)信息资源高度集中,既有利于管理,又有利于使规范趋于统一。

(2)专业人员集中使用数据库,不仅有利于充分发挥其作用,还有助于组织员工培训,提高工作效率。

(3)信息资源利用率高。

(4)系统安全方法实施方便。

2)集中式数据库系统的缺点

(1)伴随着系统规模的扩张和功能的提高,集中式系统的应用迅速增长,给数据库的开发、维护带来困难。

(2)对组织改革和技术发展的适应能力弱,且缺乏应变技能。

(3)在开发、维护和管理过程中不易体现用户的积极性和主动性。

(4)系统较为脆弱,在主机不能顺利运转时,可能会致使整个系统暂停工作。

2.分布式数据库

分布式数据库系统是将数据保存在计算机的不同站点中,每一个站点都可以独自完成任务,并且每一个站点也参与全局应用程序。另外,全局应用程序可通过网络通信访问系统中的多个站点的数据。

1)分布式数据系统的优点

(1)具有灵活的体系结构。

(2)适应分布式管控机构。

（3）具有较高的可靠性和良好的可用性。

（4）一部分应用响应较快。

（5）具有良好的可伸缩性,易于集成。

2）分布式数据系统的缺点

（1）开销主要集中在通信部分。

（2）复杂的存取结构。

（3）数据的安全系数、保密系数较差。

伴随着互联网技术的迅速发展,数据库技术日渐完善,针对分布式数据库系统的研究和开发方面人们投入了大量的精力。在数据库技术的基础上利用网络技术而产生分布式数据库。分布式数据库已成为数据库领域中重要的一部分,在 1970 年首次投入研究。1979 年,美国是世界上唯一研发出分布式数据库系统的国家。此时的数据库系统是在 Dec 计算机上展开设计和开发的。1990 年以后,分布式数据库系统开始进入实际应用阶段。最初的关系数据库产品是基于计算机网络和多任务操作系统的分布式数据库产品。与此同时,分布式数据库逐渐向客户机/服务器模式发展。

3. 集中式数据库系统

可以根据食品安全溯源系统的不同发展阶段和规模设计不同的数据库系统。相对简单的食物链,只涉及 2~3 个环节。例如,对于只有种植、配送和销售环节的生鲜蔬菜链,可以采用集中式数据库系统。目前,我国食品追溯正处于开始阶段,企业是建立食品安全溯源体系的主体。因为食品种类只有一种,且数据量较少,所以也可以应用集中式数据库系统,其操作层架构如图 3-2 所示。

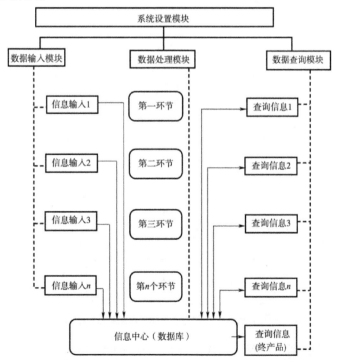

图 3-2　基于集中式数据库系统的食品安全溯源系统操作层架构

在这个系统结构中,每一环节不设服务器,只有一台用户端计算机,仅用于数据远程输入和远程查询。

4. 分布式数据库系统

从以往情况来看,因为食品链存在多个环节,每一个环节的场所、过程和责任者所涉及的人、事、物相去甚远,所以为了维护信息链的特性,一般常采用分布式数据库系统。该系统常应用于食品种类较多、分布地区较广的食品安全溯源系统。

全系统的组成部分可以划分为两部分,一是信息中心,二是若干个信息分中心,且在每一个环节中都会设置一个信息分中心,从而搭建独立数据库。

食品全程溯源信息中心进行系统设置和系统维护,构建中央数据库。

由于数据库链接方式和数据查询途径不同,可分为如下两种操作层结构。

(1)根据环节数据库顺序进行链接等操作,如将中央数据库与最后一个环节中的数据库相连,每次可以通过相连的数据库顺序进行信息查询、顺向和逆向追踪操作,过程如图3-3 所示。

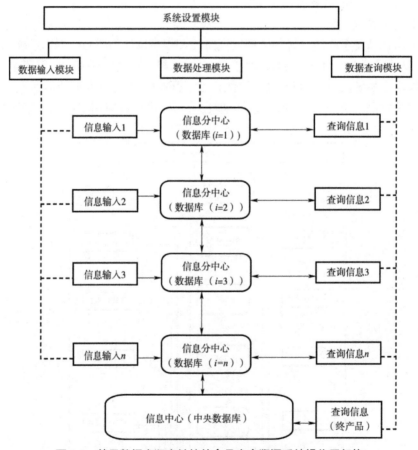

图 3-3 基于数据库顺序链接的食品安全溯源系统操作层架构

(2)环节之间的数据库是互不相连的,但其与中央数据库相连,每一个环节查询信息,均通过中央数据库寻找相应的环节数据库进行,如图3-4 所示。

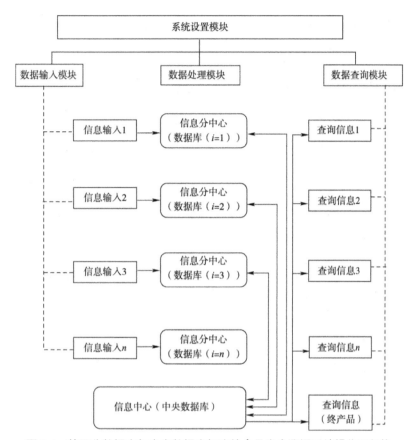

图 3-4　基于分数据库与中央数据库相连的食品安全溯源系统操作层架构

3.1.3　信息流设计

信息流是指数据流,包括数据输入、数据处理和数据查询三部分内容,可以根据不同的用户、目标和系统来设计不同的数据信息流。在食品安全溯源系统中,按照权限的不同,可将数据信息流划分为六个不同权限的用户,即中心管理员、分中心管理员、企业输入员、企业查询员、政府监管员和消费者。

中心管理员:主要涉及的工作有设置系统、维护管理中心、更新中央数据库,最后一项任务的信息转化,是通过利用数据处理模块调动分数据库来展开中央数据库的更新操作的。

分中心管理员:主要针对的是分中心及分数据库的管理与维护,其信息流是利用相同的模块调动输入信息来更新分数据库。

企业输入员:负责各环节的数据输入,其信息流是利用信息输入模块输入信息,并写入分数据库。

企业查询员:只负责顺向跟踪查询和逆向查询两部分内容,其中前者是利用信息查询模块来调动数据库对原料或食品进行顺向跟踪;而后者则是调动数据库对原料或食品进行逆向回溯。

政府监管员:该人员可以对与产品相关的原料等去向进行查询。其信息流为借助信息查询模块调动数据库,再查询与产品相关的原料,最后查询该原料的去向。

消费者:可以查询产品的历史信息,但只能是逆向查询。

3.2　食品链各环节的确定以及可记录单元的设计

食品外部追溯或查询是食品链各环节间的追溯和查询,其链接方式取决于数据处理和信息查询的方向和过程。集中式数据库系统和分布式数据库系统的数据处理和信息查询操作,都是利用数据库之间的查询和读写来实现的。数据库之间的链接,实际上是数据库中数据表的数据单元链接。在食品全程溯源系统中,数据单元的标识字段最好是编码,即各环节任意食品单元的编码。食品单元的编码取决于各个环节最小可记录食品单元和最大可记录食品单元的组成、容量及其相互关系。

Kim 等(1995)在质量本体论中提出了可追溯资源单元和原始活动两个概念。原始活动是不可再分的基本操作,如储藏等;而可追溯资源单元定义为经过使用、消费、生产、运输等原始活动的某一资源类型的均一集合体,是溯源中不可能重复的唯一单元。确切来说,就是一个批次。在不连续过程中,批次的标识较为容易。当一个可追溯资源单元分为多个单元时,分离的单元保持了原来可追溯单元的标识;当几个可追溯单元集合时,新的可追溯单元与原可追溯单元标识不同。在食品生产和运输环节中,可追溯单元经历集合和分离的过程。

一般而言,食品全程可分为如下环节。

第一环节:种植(野生)、养殖(非养殖)。

植物源性食品原料(作物)的种植单元一般为地区、园区、农场、基地、温室、种植户,难以区分最小可记录单元和最大可记录单元。

野生植物的最小可记录单元为地区。

大型养殖动物(如牛、羊、猪等)的养殖单元为农场、基地、圈、养殖户和头等,最大可记录单元可为农场、基地、圈、养殖户,最小可记录单元为头。最大可记录单元包含最小可记录单元。

小型动物养殖单元为农场、基地、圈、养殖户和群等,难以区分最小可记录单元和最大可记录单元。

野生动物的最小可记录单元为林区。

第二环节:采收或屠宰。

作物采收(谷类作物收割后脱粒,蔬果或以茎叶作为食品原料的作物直接采收),可记录单元为车、箱(包)等,最大可记录单元为车,最小可记录单元为箱或包,最大可记录单元包含最小可记录单元。前者可包含种植单元,或包含于种植单元,后者包含于种植单元中。

大型养殖动物(如牛、羊、猪等)进行屠宰、半分,最大可记录单元为尸身,最小可记录单元为半身,最大可记录单元包含最小可记录单元。两者均包含于养殖的最大可记录单元之中。

小型动物屠宰后,最小可记录单元为箱或包,包含于养殖的可记录单元之中。

第三环节:运输。

最大可记录单元为车,最小可记录单元为箱或头,最大可记录单元包含最小可记录单元。最大可记录单元包含上一环节的最小可记录单元。最小可记录单元等同于上一环节的最小可记录单元。

第四环节:采收后储存(或不储存,直接进入下一环节)。

最大可记录单元为仓库,最小可记录单元为箱或头等,介于两者之间的是区或批次,顺序包含。最大、中等可记录单元包含上一环节的最大可记录单元。

第五环节:运输。

最大可记录单元为车,最小可记录单元为箱或头,最大可记录单元包含最小可记录单元。最大可记录单元包含于上一环节的最大可记录单元,包含上一环节的最小可记录单元。最小可记录单元等同于上一环节的最小可记录单元。

第六环节:粗加工。

植物源性食品或原料经过简单地去杂、分选和包装,最大可记录单元为批次,最小可记录单元为箱或包,最大可记录单元包含最小可记录单元。

小型动物食品原料等同于植物源性食品原料。

大型动物源性食品或原料分割、包装作为鲜肉出售,最大可记录单元为尸身或半身,最小单元为箱或包,最大可记录单元包含最小可记录单元。最大可记录单元包含于上一环节的最大可记录单元。若作为部位分割、集中,类似于植物源性食品或原料。

第七环节:运输。

最大可记录单元为车,最小可记录单元为箱或头,最大可记录单元包含最小可记录单元。最大可记录单元包含上一环节的最小可记录单元。最小可记录单元等同于上一环节的最小可记录单元。

第八环节:储存。

最大可记录单元为仓库,最小可记录单元为箱或头等,介于两者之间的是区或批次,顺序包含。最大、中等可记录单元包含上一环节的最大可记录单元。

第九环节:运输。

最大可记录单元为车,最小可记录单元为箱或头,最大可记录单元包含最小可记录单元。最大可记录单元包含于上一环节的最大可记录单元,包含上一环节的最小可记录单元。最小可记录单元等同于上一环节的最小可记录单元。

第十环节:加工。

最大可记录单元为批次,最小可记录单元为箱或包,最大可记录单元包含最小可记录单元。前者包含上一个环节的最大可记录单元。

第十一环节:运输。

最大可记录单元为车,最小可记录单元为箱,最大可记录单元包含最小可记录单元。最大可记录单元包含上一环节的最小可记录单元。最小可记录单元等同于上一环节的最小可记录单元。

第十二环节:储存。

最大可记录单元为仓库,最小可记录单元为箱等,介于两者之间的是区或批次,顺序包含。最大、中等可记录单元包含上一环节的最大可记录单元。

第十三环节：运输。

最大可记录单元为车，最小可记录单元为箱或头，最大可记录单元包含最小可记录单元。最大可记录单元包含于上一环节的最大可记录单元，包含上一环节的最小可记录单元。最小可记录单元等同于上一环节的最小可记录单元。

第十四环节：配送中心库存。

最大可记录单元为仓库，最小可记录单元为箱等，介于两者之间的是区或批次，顺序包含。最大、中等可记录单元包含上一环节的最大可记录单元。

第十五环节：运输。

最大可记录单元为车，最小可记录单元为箱，最大可记录单元包含最小可记录单元。最大可记录单元包含于上一环节的最小可记录单元。最小可记录单元等同于上一环节的最小可记录单元。

第十六环节：储存。

最大可记录单元为仓库，最小可记录单元为箱等，介于两者之间的是区或批次，顺序包含。最大、中等可记录单元包含上一环节的最大可记录单元。

第十七环节：运输。

最大可记录单元为车，最小可记录单元为箱或头，最大可记录单元包含最小可记录单元。最大可记录单元包含于上一环节的最大可记录单元，包含上一环节的最小可记录单元。最小可记录单元等同于上一环节的最小可记录单元。

第十八环节：市场销售。

最大可记录单元为柜，最小可记录单元为箱，最大可记录单元包含最小可记录单元。最大可记录单元包含于上一环节的最大可记录单元，包含上一环节的最小可记录单元。最小可记录单元等同于上一环节的最小可记录单元。

3.3　食品安全溯源系统的信息筛选

食品全程涉及生产、加工、运输、储藏和销售等环节，一个溯源系统对产品的溯源能力取决于产品在任何一点被判别的能力。产品及其加工过程是食品溯源的两大关键要素。对查询信息而言，理想状态是查询的信息越多越好、越细越好，甚至是所有相关的信息。但由于数据库的容量和存储速率限制，加上网络传输的局限性，理想的查询是非常困难的，甚至是不可能的。同时不是所有的信息都是必要的，这与溯源的目的有关。2003 年英国食品标准局 Food Standards Agency（FSA）提出，需要的信息仅限于那些能显示产品在生产、分销和销售过程中轨迹的信息，还包括一些提高加工效率和原料来源、品质的信息。

由上可知，溯源系统的核心是标识，也就是对目标批次的标识。生产者或进口商设计全球唯一的批次大小，但随着其他食品成分的引入、食品批量运输、大的批次被运往不同地方等过程的进行，新的标识会不断产生，所以溯源系统不但需要产品、原料批次的标识，同时还需要这些批次与产品历史的关系信息。从满足需求看，一部分为外部追溯信息，是一般意义上的溯源信息，以满足需求为标准；另一部分是内部追溯信息，当然越细越好。

对于外部溯源信息，仅需要基本属性信息和安全相关信息，大体建议如下。

（1）基本属性信息：指的是食品来源地、责任人、场所地址、联系方式、规格、级别等，包括产品简单说明、产品原料、成分、特色，或特定功能、执行标准、许可证及编码、储藏温度、湿度、货架期、生产日期、包装材料及规格、动物或植物品种、基本生产流程、各环节责任者名称和地址、种植方式或加工方法、环境概述。

（2）安全信息：与食品卫生安全相关的关键信息，如添加剂、农兽药使用、场所卫生条件等，同时加上不同阶段的检测指标，包括原料（饲料）、产品检验结果（定性是否合格）、各主要污染物含量（是否超标）、使用过的添加剂或化学药剂或肥料及使用时间、环境检测结果（定性、符合什么标准）等。

3.4　编码设计

全球统一标识（Globe Standard 1，GS1）系统主要针对的编码对象包含商品、物流、位置、资产、服务等内容，是以编码为中心将条码、射频等自动数据采集、电子数据交换、全球产品分类、全球数据同步、产品电子代码（Electronic Product Code，EPC）等系统融为一体，并服务于全球物流供应链开发的标准体系。GS1 系统的主办方是国际物品编码协会，它的目的是开发、管理和维护一套可以让全球共同使用的商业语言。其中，商业语言由标识及附加属性代码体系、数据载体和电子数据互换等内容组成。

GS1 系统为全世界提供确切的编码。这些编码采用的表示方式是条码符号或射频识别（RFID）标签，且该方式便于开展电子识别。该系统打破了商家、团体使用自身的编码系统或部分特殊编码系统的屏障，提高了贸易工作效率和对顾客的反应能力。

GS1 系统通过标识具备代码的相关产品及数据，保证了全球相关应用领域代码的独有性。GS1 系统不仅提供了唯一的标识码，还提供了有效期、序列号、比较号等附加信息的标识。

1. 编码体系

编码体系是 GS1 系统的主要部分。编码体系中包括对以货币为媒介互换商品领域中的全部商品、物流、位置、资产、服务等产品与服务的标识代码及附加属性代码。其中附加属性代码与标识代码是相互依存的关系。GS1 系统的特点是具有强大的兼容性和扩展性，编码系统由全球贸易项目代码（Global Trade Item Number，GTIN）、系列货运包装箱代码（Serial Shipping Container Code，SSCC）、全球参与方位置代码（Global Location Number，GLN）、全球可回收资产标识（Global Returnable Asset Identifier，GRAI）、全球服务关系代码（Global Service Relation Number，GSRN）和全球单个资产标识（Global Individual Asset Identifier，GIAI）六部分构成，如图 3-5 所示。

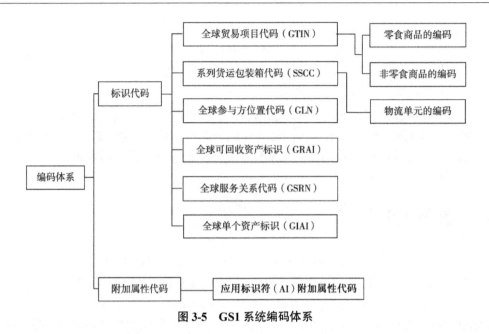

图 3-5　GS1 系统编码体系

1）全球贸易项目代码

全球贸易项目代码（GTIN）是编码系统中使用最普遍的标识代码。贸易项目的对象是产品或服务。GTIN 可以为全球贸易项目提供标识代码（代码结构）。GTIN 的编码结构由 GTIN-13、GTIN-14、GTIN-8 和 GTIN-12 组成，如图 3-6 所示。四种编码结构存在的共性是可以对不同的商品进行唯一的编码。贸易项目在引用标识代码时必须整体引用。完整的标识代码是保障相关应用领域内全球唯一的前提条件。

编码和符号表示贸易项目的目的是实现商品零售（Point of Sale，POS）、进货、存补货、销售分析及其他业务动作的自动化。

GTIN-14 代码结构	包装指示符	包装内含项目的GTIN（不含校验码）	校验码
	N_1	N_2 N_3 N_4 N_5 N_6 N_7 N_8 N_9 N_{10} N_{11} N_{12} N_{13}	N_{14}

GTIIN-13代码结构	厂商识别代码 商品项目代码	校验码
	N_1 N_2 N_3 N_4 N_5 N_6 N_7 N_8 N_9 N_{10} N_{11} N_{12}	N_{13}

GTIIN-12代码结构	厂商识别代码 商品项目代码	校验码
	N_1 N_2 N_3 N_4 N_5 N_6 N_7 N_8 N_9 N_{10} N_{11}	N_{12}

GTIIN-8代码结构	商品项目识别代码	校验码
	N_1 N_2 N_3 N_4 N_5 N_6 N_7	N_8

图 3-6　GTIN 的四种代码结构

2）系列货运包装箱代码

系列货运包装箱代码（SSCC）的代码结构见表 3-1。货运包装箱代码是为物流单元（运输和/或储藏）提供唯一标识的代码，具有全球唯一物流单元标识代码的内容包括扩展位、厂商识别代码、系列号和校验码，是 18 位的数字代码。其符号表示条码是 UCC/EAN-128，其中 UCC 代表美国代码委员会（Uniform Code Council），EAN 代表国际物品编码协会（EAN International）。

表 3-1 SSCC 的代码结构

结构种类	扩展位	厂商识别代码	系列号	校验码
结构一	N_1	$N_2N_3N_4N_5N_6N_7N_8$	$N_9N_{10}N_{11}N_{12}N_{13}N_{14}N_{15}N_{16}N_{17}$	N_{18}
结构二	N_1	$N_2N_3N_4N_5N_6N_7N_8N_9$	$N_{10}N_{11}N_{12}N_{13}N_{14}N_{15}N_{16}N_{17}$	N_{18}
结构三	N_1	$N_2N_3N_4N_5N_6N_7N_8N_9N_{10}$	$N_{11}N_{12}N_{13}N_{14}N_{15}N_{16}N_{17}$	N_{18}
结构四	N_1	$N_2N_3N_4N_5N_6N_7N_8N_9N_{10}N_{11}$	$N_{12}N_{13}N_{14}N_{15}N_{16}N_{17}$	N_{18}

3）全球参与方位置代码

全球参与方位置代码（GLN）进行唯一标识的代码对象是参与供应链等活动的法律、功能和物理实体。参与方位置代码涉及的内容有厂商识别代码、位置参考代码和校验码，用 13 位数字表示，具体结构见表 3-2。

表 3-2 GLN 的代码结构

结构种类	厂商识别代码	位置参考代码	校验码
结构一	$N_1N_2N_3N_4N_5N_6N_7$	$N_8N_9N_{10}N_{11}N_{12}$	N_{13}
结构二	$N_1N_2N_3N_4N_5N_6N_7N_8$	$N_9N_{10}N_{11}N_{12}$	N_{13}
结构三	$N_1N_2N_3N_4N_5N_6N_7N_8N_9$	$N_{10}N_{11}N_{12}$	N_{13}

法律实体是依据法律设立的组内组织，如供应商、客户、银行、承运商等。

功能实体是在法律实体内设置的具体部门，如某公司的财务部。

物理实体即指大体完备的方位，如房屋的某个房间、仓库或仓库的某个门、交货地等。

2. 数据载体

数据载体承受装载编码信息，目的是实现自动数据采集与电子数据交换的功能。

1）条码符号

条码技术是 1950 年发展起来的集光学、机械、电气和计算机技术于一体的广泛应用的高科技技术。它消除了计算机应用中数据采集中易产生障碍的部分，实现了信息的高速准确采集和传输，成为信息管理系统和管理自动化的基础。条码符号操作简便，信息采集迅速，可以收集海量信息，并且可靠性高，成本低。以商品条码为中心的 GS1 系统已发展成为全球供应链管理中实际上的国际准则。

Ⅰ.ITF-14 条码

ITF-14 条码只可以用以标识非零售的商品(图 3-7)。ITF-14 条码对印刷精密度要求不高,比较适合没有转折的印制(热转印或喷墨)在表面光滑度、受力后尺寸易变形程度较低的包装材料上。由于这种条码符号较适合直接印在瓦楞纸包装箱上,因此也称为"箱码"。有关 ITF-14 条码的解释,可参见《商品条码 储运包装商品编码与条码表示》(GB/T 16830—2008)。

图 3-7　ITF-14 条码示例

Ⅱ.UCC/EAN-128 条码

UCC.EAN-128 条码由七部分构成,分别是开始符号、数据字符、校验符、终止符、左侧空白区、右侧空白区及供人识读的字符,用来表示 GS1 系统应用标识符字符串(图 3-8)。

UCC.EAN-128 条码可代表变长的数据,条码符号的长度根据字符的数量、类型和放大系统的变化发生改变,并且能够把若干信息编码在同一个条码符号中。该条码符号可编码的最大数据个数为 48 个,包括空白在内的物理长度小于等于 165 mm。UCC.EAN-128 条码不可以用于 POS 零售结算,即可用于标识物流单元。

图 3-8　ENA.UCC-128 条码示例

应用标识符(Application Identifier, AI)是一个在 2 和 4 之间的代码,用来说明其后续数据的含义和格式。应用标识符能够将不同数据统一表示在一个 EAN.UCC-128 条码中,这样不仅使得不同数据之间不用隔开,节约了大量空间,又为数据的自动化收集创造了条件。图 3-8 的 EAN.UCC-128 条码符号示例中(02)、(17)、(37)和(10)是应用标识符。有关EAN.UCC-128 条码的具体解释,可参见《商品条码 128 条码》(GB/T 15425—2014)及《商品条码 应用标识符》(GB/T 16986—2018)等国家标准。

2)射频标签

无线射频识别(RFID)技术是 1950 年前后开始进入实际使用阶段的一种零接触式自动

识别技术。射频识别的内容包括射频标签和读写器。射频标签是承受装载识别信息的载体,读写器是取得信息的设备。要想完成标签存储信息的识别和数据交换,需要利用射频识别标签与读写器两者之间的感应、无线电波或微波来进行双向通信。

射频识别技术所具备的特征包括:可零接触识读(识读距离可以从 10 cm 达到几十米);可迅速识别运动的物体;可抵抗恶劣环境,并且可以做到防水、防磁、耐高温的功效,自然寿命偏长;保密程度较高;可同时识别多个目标等。

射频识别技术应用领域广泛,常用于运动车辆的自动收费、资产跟踪、物流、动物跟踪、生产过程控制等方面。因为射频标签相较于条码标签来说成本较高,当下使用它识别消费品的较少,多应用于人员、车辆、物流等管理,如证件、停车场、可回收托盘、包装箱的标识。

EPC 标签是射频识别技术中应用于 GS1 系统 EPC 编码的电子标签,是根据 GS1 系统的 EPC 章程进行编码,并遵照 EPCglobal 拟定的 EPC 标签和读写器的零接触空中通信规则设计的标签。EPC 标签是产品电子代码的承载物,当 EPC 标签粘贴在物品上或嵌入物品中时,该物品与 EPC 标签中的编号便一一对应。

3)EPC 系统

EPCglobal 的主要任务是在全球范围内对各个行业建立并维护 EPC 网络,保障供应链各环节信息的自动、实时识别都使用全球统一标准。通过开拓和管理 EPC 网络准则来增大供应链上贸易单元信息的透明度与可视性,由此来提高全球供应链的运行效率。

EPCglobal 是一个中立的、非营利性标准化组织。EPCglobal 由国际物品编码协会 European Article Number(EAN)和美国统一代码委员会 Uniform Code Council(UCC)两大标准化组织构成,它接受了 EAN、UCC 与产业界近 30 年的成功合作传统。

EPC 系统是一个非常前沿的、结合性高且多而杂的系统,其目的是为每一单品设计一套可供全球使用并具开放性的标识标准。它的组成部分包括全球产品电子代码(EPC)的编码体系、射频识别系统及信息网络系统,见表 3-3。

表 3-3　EPC 系统构成

系统构成	名称	注释
EPC 编码体系	EPC 代码	用来标识目标的特定代码
射频识别系统	EPC 标签 读写器	贴在物品之上或者内嵌在物品之中识读 EPC 标签
信息网络系统	EPC 中间件 对象名称解析服务(Object Naming Service,ONS) EPC 信息服务(EPC IS)	EPC 系统的软件支持系统

在由 EPC 标签、读写器、EPC 中间件、Internet、ONS 服务器、EPC IS 以及大量数据库构成的实物互联网中,读写器读出的 EPC 仅仅是一个信息参考(指针),该信息参考的流程如下。首先,从 Internet 查找 IP 地址,并获得该地址中存放的相关物品信息。其次,采用分布式的 EPC 中间件对读写器读取的信息进行处理。因为在标签上仅有一个 EPC 代码,所以计算机必须了解与该 EPC 相关的其他信息,并且需要利用 ONS 服务器来提供一种自动化

的网络数据库服务。再次，EPC 中间件将 EPC 代码传递给 ONS，ONS 指示 EPC 中间件到一个保存着产品文件的服务器查找，进而该文件可由 EPC 中间件进行复制的操作，因而文件中的产品信息就能够上传至供应链，EPC 系统的具体工作流程如图 3-9 所示。

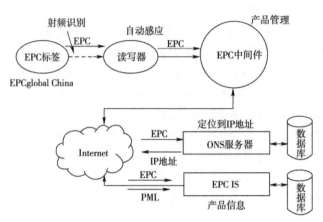

图 3-9　EPC 系统工作流程示意

3.5　数据库结构的设计

3.5.1　数据库管理系统

数据库技术从 20 世纪 60 年代中期产生到今天，经历了三代演变，从第一代层次与网络数据库系统和第二代关系数据库系统，发展到第三代以面向对象数据库模型为主要特征的新一代数据库系统。本文的食品安全溯源系统宜选用面向对象的分布式数据库系统。

3.5.2　数据库之间的关系

食品外部追溯或查询是食品链各环节间的追溯和查询，其链接方式取决于数据处理和信息查询的方向和过程。无论是集中式数据库系统，还是分布式数据库系统，数据处理和信息查询都是通过数据库读写来完成的。按照数据处理和信息查询的方向和过程，数据库（表）的链接方式主要有顺序链接和分布链接两种。

1. 顺序链接

顺序链接是按照食品链各环节顺序，分数据库顺序链接，如图 3-10 所示。每个环节信息分中心查询上一个环节数据库和本数据库进行数据运算，并对本数据库进行存储。顺向查询通过下游数据库完成，逆向查询通过上游数据库完成。这种方式的查询步骤较少，效率高，但是对任一环节数据库的查询中断，查询都不能完成，脆弱性增加。

2. 分布式链接

分布式链接是中央数据库和各个环节分数据库链接，环节分数据库之间没有链接，如图 3-11 所示。无论是顺向查询，还是逆向查询，每一次查询操作均需要两步，先查询中央数据库，再查询某一环节数据库。这种方式的查询步骤较多，效率低，但是任一环节数据库的查询中断,不影响其他环节数据库的查询,脆弱性降低。

图 3-10 食品链数据库顺序链接

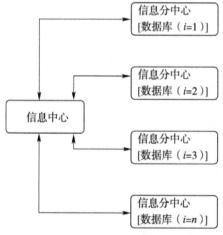

图 3-11 食品链数据库分布式链接

3. 数据库表设计

一个数据库含有各种成分,包括数据表、记录、字段、索引、过滤器等。

1)数据库(Database)

Visual Basic 中使用的数据库是关系型数据库(Relational Database)。一个数据库由一个或一组数据表组成。每个数据库都以文件的形式存放在磁盘上,即对应于一个物理文件。

不一样的数据库与物理文件的匹配方式也有所不同。针对 dBASE、FoxPro 和 Paradox 格式的数据库而言,一个数据表就代表着一个独立的数据库文件,而对 Microsoft Access、Btrieve 格式的数据库,则是一个数据库文件中可以存在多个数据表。

2)数据表(Table)

数据表也可以简单称为表,它由一组数据记录构成,并以表为单位来统计数据库中的数据。一个表是指根据数据的相关性进行行的排列;每个表中都含有相同类型的信息。表事实上也可以称为二维表格。例如,一个班所有学生的考试成绩,可以存放在一个表中,表中的每一行对应一个学生,这一行包括学生的学号、姓名及各门课程成绩。

3)记录(Record)

记录是指表中的行,它由几个或多个字段构成。

4)字段(Field)

字段也称域,是指表格中的列。每个字段都有对应的阐述信息,如数据类型、数据宽度等。

5)索引(Index)

索引的对象为数据库,目的是加快数据访问速度。当数据库较大时,为了查找指定的记录,则使用索引和不使用索引的效率有很大差别。索引事实上是一种特别的表,其中存储了关键字段的值,从而大幅度提升数据的查找速度。

6)过滤器(Filter)

过滤器是构成数据库的一部分内容,它将索引和排序相结合,并设置条件,然后依据既定的条件输出所需要的数据。

食品溯源系统中建议采用以下形式设计数据库表。

Ⅰ.中央数据库

分布式数据库管理系统的中央数据库至少包括两类数据表。

(1)以各环节最小可记录单元编码为标识字段的编码表,由每一个环节提供,其他字段为对应的上一个环节最小、最大可记录单元的编码,表征与上一个环节可记录单元编码之间的关联,用于以终产品编码为标识字段的编码表的计算和存储。

(2)以终产品编码为标识字段的编码表,通过数据处理模块,调用各环节最小可记录单元编码为标识字段的编码表进行计算得到。其他字段是各个环节最小、最大可记录单元的编码,表征各编码之间的关联。

Ⅱ.分数据库

分数据库至少包括以下三类数据表。

(1)输入数据表,通过数据输入模块经过数据输入获得,以本环节可记录单元为标识字段,其他字段为对应的上一个环节、本环节的记录单元编码,本环节可记录单元的基本属性信息和安全信息。

(2)最小可记录单元编码为标识字段的编码表,其他字段为对应的上一环节最小、最大可记录单元的编码,表征与上一个环节可记录编码之间的关联,通过数据处理模块调用输入数据获得,用于中央数据库以终产品编码为标识字段的编码表的计算和存储。

(3)可记录单元基本属性及安全信息表,包括最小、中等和最大可记录单元基本属性以及安全信息表,以可记录单元编码为标识字段,其他字段包括本环节相关可记录单元编码和本可记录单元的基本属性信息和安全信息,通过输入数据表和最小可记录单元编码为标识字段的编码表调用数据处理模块计算获得。

3.6　食品安全溯源系统的实现

3.6.1　食品安全溯源系统内部溯源的实现

一个完整的食品安全溯源系统应包括外部追溯和内部追溯。前者主要用于企业间的信息交流,消费者、政府监管部门、其他企业要求的信息基本得到满足,所以通常意义上的溯源系统实际上是外部追溯系统。但是,当一个食品安全事件出现时,或某批次食品发生安全问题时,需要追踪原因,外部追溯就不能满足要求了,此时必须依赖内部追溯。虽然在企业内部早已应用加工和质量控制系统,但在一些企业中从加工到销售被作为一个综合的过程进行管理,溯源系统的建立就是其中的一个例子。一些大型企业内引入了一个包括货物存储、操作设计、市场计划、维护、文件管理、质量控制、人力资源管理等各个层次管理的企业资源计划(Enterprise Resource Planning,ERP)系统,该系统通过企业网络终端密码进入,不同用户有不同的注册密码。在任何一个地方接收货物,该系统均有记录。ERP 系统提供了一步商店信息查询,紧急情况下信息查询快捷安全,仅花几分钟就可以查询到一个原料的所有批次,同时也提供正向溯源和反向溯源。

与溯源有关的食品信息系统以不同原因、不同目的进入食品链,自然形成了一些信息孤岛,数据存储在不同的计算机系统中。对于溯源系统而言,从原料购买到产品分销,数据的无缝衔接是必需的。

3.6.2　食品安全溯源系统外部溯源的实现

1. 程序编写

程序编写主要是动态网站(交互)网页的编写,实现数据输入、数据处理和数据查询功能,同时还包括数据库存取程序。

2. 网络软件安装及网络环境优化

食品安全溯源系统是用户端与服务器之间动态交互的场所,信息量非常庞大,涉及数据输入、数据库存取、数据处理和数据中端输出等过程,需要配置简单、快捷的网页访问,其关键是使用适宜的网络操作软件、操作环境以及快速存取的数据库软件。

网页设计一般为多页面、基本包括数据输入页面(适用于食品供应链中各责任者)、数据维护(适用网络管理员)和数据查询页面(适用终端用户),在此页面中围绕数据库进行数据输入、传递、处理和输出。

网页编写软件多种多样,现多选用动态服务网页设计,数据库为 SQL。

软件方面还包括数据库系统的安装与设置。

3. 数据输入

食品安全溯源系统的数据来源于各个环节的输入,可采取可视的表单输入形式,实行网络远程输入。根据各环节的信息种类和每种信息的最大字段长度进行表单的设计。数据输入的操作包括原始数据表单输入和提交、原始数据表存储、原始数据校验、校验后的原始数据存储、用于原始数据表中数据单元的存储。

4. 数据处理

数据处理是指数据输入后,经过一定的算法对数据库中的数据进行换算和存储的过程。在信息管理中心,主要是通过数据处理调用以各环节最小可记录单元编码为标识字段的编码表,得到终产品编码为标识字段的编码表。在信息分中心,主要是通过数据库模块调用输入数据表,得到本环节最小可记录单元编码为标识字段的编码表。

5. 数据查询

数据查询则是通过数据查询模块,调用终产品编码,获得各个环节相关的可记录单元编码,并以各个环节相关的可记录单元编码,后者为标识字段,寻找相应的可记录单元基本属性及安全信息表,显示所需信息。对于消费者,可以通过网站、触摸屏、手机短信和电话等方式查询产品包装上的追溯编码。

第4章　食品安全溯源体系发展现状分析

4.1　国际发展现状

在国际上,国家物品编码协会研究开发了 GS1 系统跟踪与追溯食品类产品的应用方案,适用于加工饮料、肉类食品、水产品、酒类、水果以及蔬菜等领域,并且取得全球的认可。

4.1.1　食品安全溯源体系在欧盟的发展概况

欧盟的法律法规比较完善,欧盟的追溯制度已经存在多年,在欧盟食品安全法律体系框架下,各成员国按照实际情况制定各国的法律法规。法律结合行政管理及技术要求,全程监控产地到餐桌的每个环节,并对其进行科学的风险分析。所有法律都具有很强的时效性,保证执行过程的一致性与有效性,通过上游下游所有企业信息共享,提高食品质量安全。欧盟食品法规定,食品、饲料、供食品制造用的家禽以及食品、饲料制造相关的物品,在生产、加工、流通的各个环节,必须建立可追踪系统。

欧盟食品安全监管体系比较健全。欧盟设立了相对应的食品安全监管机构便于规范食品安全、监督食品安全以及消费者健康等问题,这些机构包括欧盟食品与兽医局、欧洲食品安全局和欧盟卫生与消费者保护部。欧洲成员国和第三国遵守食品卫生法和相关法规由欧盟食品和兽医办公室进行监控。

欧盟成员国英国政府建立了家禽溯源系统,记录家禽从出生到死亡的转栏情况,农场主通过该系统在线登记注册新的家禽,查询其拥有的其他家禽情况。法国建立了相应的食品溯源系统,如 "Tracenet" 是关于产品安全的马铃薯生产唯一标准数据库,"Agri Cofiance" 是种植者之间的溯源系统。欧盟标准化委员会于 2002 年发布了 "鱼类产品溯源针对捕获鱼类分销链的信息记录" 规范,并建立了 "Teceih" 鱼类溯源源系统,引入国际标准化组织(International Organization for Stondardization, ISO)溯源定义,应用于海产鱼类和养殖鱼类供应链。欧盟法规(EC)65/2004 建立了用于基因改良生物的唯一标识系统,采取国际经济合作和发展组织(Organization for Economic Co-operation and Development, OECD)建立的唯一标识的格式以及生物追溯产品数据库,转基因食品获得授权的同时还获得了指定的唯一标识。要求生产企业向管理部门提出有关唯一标识的申请,欧盟采取了与 OECD 统一的唯一标识系统。

4.1.2　食品安全溯源体系在美国的发展概况

美国食品安全法律制度分为三层,最高层为国会制定的联邦法律,为食品安全提供基本原则;二层是标准的特定类型的法律法规,是联邦和政府制定的关于各种食品安全的法规;第三层是自愿标准,国家研究所、标准化技术委员会以及有关部门在行业协会批准下制定的法规,企业可自愿执行。

关于食品安全溯源,美国设立了相关的监管机构,包括:美国食品和药品管理局(Food and Drug Administration, FDA),该局以《联邦食品、药品和化妆品法》为法律依据对食品生产、加工、制造、运输、仓储、销售一系列环节进行监管。美国食品安全检验检测机构是农业部职能部门,负责公共卫生和保护人民群众的安全,对所有进出口之外的食品进行检测,包括肉类、蛋制品等产品检查,动物屠宰的检验检疫,以及屠宰加工厂和处理厂的检查等。另外,该机构还对食品进行抽样分析,公布食品生产过程中的原料以及添加剂的含量标准。

美国农产品溯源体系主要是行业协会和企业建立的自愿性溯源系统,由 70 多个协会、组织以及 100 多名牧兽医专业人员组成的家禽开发标识小组合作建立家禽标识与溯源计划,使得发现外来疫情时能够及时确定所有涉及及与其相关的企业。美国于 2002 年 6 月 12 日正式实施《2002 公众健康安全和反生物恐怖预防应对法》(以下简称《2002 反生物恐怖法》),此法案将食品安全规定为国家战略之一,大大提高了国家对这一问题的重视程度,并提出“从农场到餐桌”的食品风险管理。2004 年美国 FDA 发布了一项最终法规:依据《2002 反生物恐怖法》要求对在美国生产、加工、包装、运输、销售、接收、保存或进口食品的人员建立和保持记录。此项法规的公布表明美国已经将反生物恐怖法推及食品消费领域。2005—2009 年,美国通过国家动态目标识别系统,逐渐可追溯地管理全国动物饲养繁殖、加工和运输。动态目标识别系统有三个主要要素:农场注册与登记、动物的识别与跟踪信息。根据不同农场所提交的信息进行编码,并且给登记过的农场分发动物识别标签,数据中心在动物育种过程中进行登记。养殖、加工、营销以及其他原因导致的位置变化,涉及农场编码、屠宰场编码、动物识别和运输情况在数据库中的更新。2010 年美国农业部发布用于动物疫病溯源的新架构,采取额外措施进一步阻碍疫情的传入和传播,措施有四点:①加快速度降低疫情风险,如由进口动物造成的肺结核;②启动和更新动物疫情进入美国的方法的分析;③提高应对能力;④加强各州以及业界关于潜在动物疫情整体风险方面的合作和分析。

4.1.3 食品安全溯源体系在日本的发展概况

日本对全国可追溯食品进行统一分类,以确保从其他国家进口的食品与本国的标准持平,这一措施带动全球食品安全的发展,并且日本不断地制定、修改和引进新的法律法规,保持与时俱进的状态,力求这些标准合法合理,切实保障食品安全以及群众利益。

日本的食品安全监管由厚生劳动省和农林水产省共同负责。按照相关法律规定,两个部门其实是独立工作的。2003 年内阁府食品安全委员会成立,主要负责检验食品安全以及对食品安全进行风险评估,根据评估结果,风险管理部门采取相应措施,促进监督工作的实施。

日本政府从 2001 开始试验性地施行并推行农产品与动物性食品的溯源系统,2003 年 6 月日本国会通过牛肉生产履历法,要求对食品从农田到零售过程的进行溯源,编列 110 亿日元预算建立国家动物溯源信息系统,集中管理每一头牛的信息。消费者可通过输入包装盒上的牛身份号码,获取所购买牛肉的原始生产信息。2005 年开始对日本全国农协上市的肉类蔬菜等农产品实施采集保存 DNA 样本,逐步实现从牛肉到肌肉猪肉等肉食产品、水产养殖产业以及蔬菜产业的完善的食品溯源体系。日本食品国家研究所开发了一款基于可扩展标记语言(Extensible Marknp Language, XML)网络服务的溯源系统(即 SEICA),所有生产者均可在网上建立一个产品项目,产品目录编号唯一,随时可以通过目录编号查询产品标注信息。

4.2　国内发展现状

20 世纪 90 年代国外就开始对食品可追溯制度的建立进行研究,几十年来,溯源系统在欧盟、美国、加拿大等发达国家和地区的食品安全管理中得到了快速发展,在中国也有了很好的发展。

2005 年,申艳光等研究了肉鸡质量安全问题,并设计了肉鸡质量安全可追溯系统。2006 年,清华同方集团开发了食品溯源管理系统,主要采用 RFID 技术,该系统实现了食品信息的安全可追溯。2008 年北京奥运会使用了奥运食品安全追溯系统,旨在对奥运食品供应链全流程进行管控,保证奥运期间供给运动员的食品的安全性和可靠性。

中国物品编码中心采用全球通用的物品编码,商品条码和 RFID 射频识别等技术实现食品安全跟踪与追溯,制定出《水果、蔬菜跟踪与追溯指南》《我国农产品质量快速溯源过程中电子标签应用指南》《牛肉制品溯源指南》《牛肉质量跟踪与溯源系统实用方案》等规范和应用指南。

中国物品编码中心上海分中心和上海农业信息有限公司关于消费终端联合开发建立了"上海市食用农副产品质量安全信息系统"对食用农副产品的生产过程监控、条码识别和网络查询进行系统管理。农业企业利用"食用农副产品安全信息条形码"为每个产品建立与之匹配的生产档案。在建立该平台的过程中首次利用信息技术和条码技术,实现了生产过程监控、条码识别和网络查询的系统管理,为农副产品的食用与出口筑起了一道安全屏障。

关于植物源性食品方面,建立了"山东蔬菜可追溯信息系统""海南省热带水果质量追溯系统"以及"新疆吐鲁番哈密瓜追溯信息系统"等对农产品的种植、管理、采收、包装、运输、销售等供应链各环节进行有效标识,提高产品的质量控制和流通效率,有利于消费者通过追溯终端系统实时准确地查到农产品的品牌、种植地、等级、田间管理、生产周期、检测、营养成分等信息。

农业部农垦局对比国内外质量追溯管理经验,取长补短以便完善管理制度和运行机制,建设信息采集、分析和查询网络体系,稳步推进质量追溯实施进程,逐步扩大可追溯农产品品种与规模,建立具有开放式、动态化、全过程管理特点的农垦农产品质量追溯系统。通过完善农垦农产品质量追溯系统运行机制、规范生产经营行为,全面提升农产品质量全程监管和保障能力,切实保障消费者利益。

4.3　我国食品安全溯源体系面临的障碍

4.3.1　我国食品安全溯源体系面临的法律障碍

1. 食品安全溯源相关制度不完善

目前我国已初步形成一个由国家、部门、行业和地方制定颁发的食品安全法律法规以及规章制度体系,然而,只有《中华人民共和国食品安全法》及其实施条例、《中华人民共和国动物防疫法》、《国务院关于加强食品等产品安全监督管理的特别规定》等少数法律法规对食品溯源体系的一些相关内容做了规定。

其中《中华人民共和国食品安全法》里尚未对食品安全溯源做出强制性规定,《北京市食品安全条例》中在食品安全可追溯中提出的局限也只有"乳制品、肉类"。上海市食品安全溯源有关的条例中,只是对"粮食、乳制品、食用油、畜肉、蔬菜、冻禽"等关键食品有追溯要求;《甘肃省食品安全追溯管理(试行)》中,也只是提倡引导,没有强烈要求全部食品企业都根据食品安全可追溯系统执行,当中也没有具体规定,不能使用食品安全可追溯系统的企业,该担当怎样的责任。

2. 食品安全溯源主体权利义务规定太过笼统

现有的《中华人民共和国食品安全法》与《中华人民共和国食品安全法实施条例》里对食品安全的追溯管理其实缺乏明确规定。对食品安全可追溯信息在每个环节中的制作、记录全部没有明确的规定,不仅如此,对追溯系统的建设也缺乏详细的要求。很少涉及食品原材料的供应企业(或个体)、流通企业的追溯权利与追溯义务。最新版的《中华人民共和国食品安全法(修订草案)》中,即使有明确要求健全食品安全可追溯制度,但对详细的追溯环节、主要对象的权利与义务还是没有具体要求。

在政府相应的监管部门中也仅仅是强调"完善食品安全监督管理工作制度完善,统一领导、指挥食品安全突发事件处理工作,健全食品安全监管责任制度",而对于食品安全可追溯监管具体由哪个部门负责,缺乏详细规定,食品安全可追溯工作一直分散在各个职能部门里。

3. 处罚力度不大

食品安全溯源系统将食品生产加工信息录入其中,这是该系统建设的关键,如果登录到系统的信息跟实际有偏差,那么将直接影响整个系统的正常运转,食品安全全程可追溯便无从说起。

欧美等发达国家对食品安全管理极其严格,一旦有问题食品流入市场,无论造成多大损失,都会全部召回。美国法律规定,若食品生产商违反法律条例,所采取的食品标签不正确,处罚的罚款最多为750万美元,若存在虚假行为,将判处10年以下监禁。企业如果发现产品有缺陷却不及时召回,可能会面临巨额罚款、产品被查封、倒闭等后果。韩国的食品卫生法中,将制造销售有害食品的行为定义为"保健犯罪",并规定对故意制造、销售有害食品的人员处以1年以上有期徒刑,严重影响国民健康的有关责任人处以3年以上有期徒刑,并且,因为制造或销售有害食品获刑者,5年不得从事食品经营活动,还将对其进行高额罚款的处罚。

2018 年的《中华人民共和国食品安全法》第一百二十六条规定,食品生产企业中进货销售制度不完善、食品标签缺乏真实性、没有检验原材料,这些都属于违反食品安全可追溯相关规定的行为,所受到的惩处是"五千元以上五万元以内的罚款;情节恶劣的,没收许可证"。与旧的《有缺陷食品安全法》比较,罚款金额提高了,惩罚力度变大了,但是相对于这么好的食品销售利润而言,所给予的惩处力度远远不够。而且地方保护主义是客观存在的,地方政府通常不会采取勒令企业停业的方法。《甘肃省食品安全追溯管理办法》第三十条规定中,最大的罚款金额是两万元,在第三十一条中指出没有遵循追溯义务的市场开办者、柜台出租者、展销会举办者罚款最多是五万元。由于违法成本低,处罚力度不大,我国食品安全事件屡见不鲜。2003 年国内雀巢奶粉未明确标注转基因成分事件,2008年三鹿奶粉违反规定添加三聚氰胺,都导致多数消费者被误导,甚至造成严重后果,危害儿童健康。

相比较,我国食品安全法对此的重视程度以及对食品安全违法者处罚力度不大,不足以起到震慑违法者的作用。为保护消费者的身体健康和生命安全,必须严格管理,加大处罚力度,从源头堵住食品安全漏洞。

4.3.2　我国食品安全溯源体系面临的主体障碍

1. 食品生产经营者参与意识及自律意识不强

由于我国市场经济占主体地位,食品经营者、生产者依法经营、诚信经营意识不强,从一定程度上阻碍了企业建立食品安全溯源体系。

生产企业处于食品供给的地位,有义务建立食品安全溯源体系,但这样会使企业支付额外的成本,甚至有些微小企业没有支付额外成本的能力。建设食品安全溯源体系是一个长期过程,并且企业建立食品溯源体系在短期之内不会有收益,所以以盈利为目的的企业参与进来的积极性和主动性不会很高,更不用说主动建设。另外,行业竞争形势严峻,别的企业都没做,而自己的企业去做食品安全溯源这种费力不讨好的事情很有可能影响企业本身的利益,还有就是食品安全需要进行信息共享,而多数企业不愿意公开自己的信息,以至于食品生产企业不愿意参与食品溯源建设,并且有的食品生产者为了追求高额利润,以牺牲公众利益为代价,故意忽略保障食品安全的重要环节。这样一来,食品的生产阶段就已经存在安全隐患了。此外一些小作坊生产的食品标志不全,还有就是在标识上弄虚作假,一旦出现食品安全问题,根本无法追踪来源。

在流通消费环节,有些食品经营者不重视食品安全,为节约成本,购进不符合安全标准的食品;部分餐饮服务供应者违规超量使用食品添加剂或非食用物质,直接影响消费者生命安全和身体健康。

2. 消费者对溯源食品的购买欲低

由于国内多个区域的发展情况不均衡,相应地区的消费者的关注点不一样,部分发达地区的消费者可能更关注食品安全。再从价格来看,很多收入较少的家庭也没有花更多钱购买可追溯食品的意向。而收入一般的家庭则很可能根据喜好等来决定是否购买可追溯食品。当收入变得更少时,有一些家庭考虑经济条件之后便不愿购买可追溯食品,普通百姓对可追溯食品的认同感以及购买愿望,在很大方面阻碍了食品安全可追溯系统的发展与完善。

1)溯源食品价格昂贵

据消费者反映,从包装上看,可追溯食品的包装相对来说要好看、时尚一些。给顾客带来更为良好的第一视觉感受,进行选择时也可能多关注一下。但是,相对普通蔬菜价格更高昂,有时甚至可以达到数倍。除蔬菜、瓜果外,还有不少产品也以可追溯的名义进行提价。现在的情况是,只要是能吃的,跟可追溯能扯上一点关系的,都能以提高数倍后的价格进行销售。

以食品安全可追溯为由进行提价的行为越来越多。在部分商店,一些粘贴了可追溯条码的产品因为价格高出实际价值而受到冷遇,这些原本是有利于售卖的可追溯性反倒影响了商品的售出,这阻碍了食品可追溯系统的发展,甚至引起了一些消费者的质疑。这是因为可追溯食品高昂的价格使得群众少有购买,难以进入普通老百姓的饭桌。更有部分人认为根本没有什么可追溯,这仅是商家吸引消费者的噱头,难以让人信服。

2)消费者对食品安全溯源码信息了解不足

一般来讲,肉制品来源的动物在饲养时用什么喂养的、有没有使用药物、加了什么添加剂、是否安全、问题发生之后能否找到责任人,上述问题都是消费者关注的话题。而现状是很少有商家会给出这些信息,即便给出,信息也没有什么意义,例如农作物标示的"已达到农业农村部无公害产品认证的标准,是符合国家标准的无公害产品"。这些消息并没有多少意义,既不说用了几次农药,更不提到产品流通的多个环节的信息。种种因素进一步降低了消费者的购买热情。没有消费者的积极参与,食品安全可追溯体系便难以实行。

3. 社会监控难以实施

食品经营者出示的食品安全溯源信息的真实性得不到保证,加之全社会食品安全溯源信息公共查询平台不完善,消费者的知情权往往得不到有效保证,无法配合行政部门进行社会监督,直接影响到行政部门监管执法、经营者自我管理、行业协会自律规范、社会监督"四位一体"的食品安全监管机制的建立。

4. 监管部门执法力量薄弱

我国食品生产经营者数量庞大,而行政执法部门由于人员、设备、经费不足,难以确保监管职责履行到位。

我国食品加工的主要群体大多规模小,以小作坊为主,食品流通经营主体以个体工商户为主,餐馆主体以小餐馆为主,无论是生产经营场所环境的卫生,还是从业人员素质等,小型食品生产经营主体均与《中华人民共和国食品安全法》的要求有一定差距,而且此类主体点多面广,其中还有相当一部分分布在边远农村、山区。面对这样数量庞大、生产经营状况复杂的食品生产经营者,相关部门要实行全方位监管,难度极大,并且,因为食品安全监管软件的开发及应用存在落后延迟、监管设备配备不到位,食品安全监管职能部门的监管方式和手段还比较落后,所以致使很多基层监管人员还不能充分利用现代化的技术手段开展日常监管执法工作。

4.4 建设食品安全溯源体系的必要性

食品安全溯源体系是确保食品每一个环节安全性的关键,在整个食品链条中是最重要的手段,尤其是在食品生产领域,能够对食品的原产地、生产企业进行追溯。所以,大胆尝试、大力完善和推行食品安全溯源体系,是我国加大食品安全监管力度的重要措施。由此可见,建设食品安全溯源体系,对于食品生产到流通环节是非常必要也是非常紧迫的。

4.4.1 提升食品安全监管效能

对于国家负责食品质量监管的职能部门来说,对流通环节的监管是所有工作的关键环节,这个环节也是监管整个流程中难度最大的一个环节,是最大压力以及最多考量环节,"面广量大、事多人少"一度成为监管常态。因此各地工商部门的当务之急就是,如何从工商职能出发建立,与当前流通环节相适应的监督管理体制,强化管理流通环节食品安全,注重对存在的问题进行解决和完善。

另外,处于流通环节的商品种类繁多,而且相关信息冗繁,一旦突发重大事故,后续处理难度相当大。而工商部门当前艰巨的任务就是如何在流通环节的重点食品监管中充分全面地发挥出工商行政管理职能,在监管食品经营主体中增强有效性,实现全方位和动态式特征,充分发挥出维护和保障重点商品市场经营秩序的功能,从而使监管真正到位,真正发挥出功能。要实现有效监管流通环节中的食品,就必须注重不断加强信息化建设,在流通环节的食品安全监管中充分运用智能化和数字化以及网络化技术。因此,当务之急就是建设流通环节的食品安全溯源管理体系。

4.4.2 提升对食品经营管理的水平

2007 年 7 月,国务院颁布加大食品等产品安全监督管理规定,明确提出销售者查验进货和记录查验进货制度等。2009 年 6 月 1 日,在我国开始实施的《中华人民共和国食品安全法》在我国食品安全等方面发挥的作用较大。其中,分别要求食品生产和经营企业必须把食品进货查验记录制度进行建立并落实,对食品的名称和数量以及生产批号等内容进行如实记录。食品安全溯源系统的应用有利于食品批发企业和零售商在销存和订货配送管理等方面提高效率,极大提高电子化经营管理水平,使效益扩大化成为现实。

工商部门承担的艰巨任务就是持续维护安全运转,充分发挥监管职责。而有效监管食品流通环节,不断加强信息化建设是唯一有效途径,需要在监管流通环节的食品安全中充分应用网络化和智能化以及数字化技术。因此,当务之急就是在食品流通环节建立可追溯体系。

4.4.3 保护消费者知情权和选择权

消费者拥有知情权和选择权两项基本权利,对消费者的知情权进行维护是至关重要的。因为信息不对称状况存在,与商家相比,消费者获取信息的渠道更狭窄,在这个链条中消费者属于弱势群体,在选择食品商品时对商品本身的危害缺少一定的预见性,因此一旦发现自已购买的产品有严重质量问题,消费者将束手无策。

目前,我国对生产商和销售商行为进行规范的主要依据是《中华人民共和国食品安全法》和《中华人民共和国产品质量法》等法律法规,但是这些法律由于执行不到位,还不能绝对地起到保护消费者权益的作用。建立食品安全溯源体系,可以方便全民加入食品安全监管队伍中来,产品的生产和流通环节更加透明,这便可以有效保证消费者信息获取的来源,改善消费者和商家之间信息不对等的现状,让消费者的利益能够落到实处。

第5章 食品安全溯源体系的相关技术

食品从生产到在市场上流通,涉及原料提供商、食品生产、供应商、加工企业和销售企业等环节。当某一个环节出现质量问题时,消费者手中食品的质量就无法得到保证,因而建立食品安全溯源系统,可以对各个环节进行有效的监管。当食品出现问题时就可以知道是哪个环节出现的,也可对其他食品安全问题进行追溯。食品安全系统需要借助一系列关键技术才能实现,包括射频识别技术、带有定位功能的射频读写卡设备、无线通信技术、先进的应用系统核心架构等来实现食品安全溯源管理。本章节主要介绍 EAN.UCC 系统标识技术、无限射频识别技术、同位素溯源技术以及条码技术。

5.1 建立食品安全溯源系统的基本要求

引入和建立食品安全溯源系统,目前没有明确的国际标准,但可以参考以下基本要求。

5.1.1 在各阶段记录和储存信息

食品生产经营者食物链的每个环节必须确定食品及原材料供应商、消费者以及相互之间的关系,并记录和储存这些信息。

5.1.2 食品身份的管理

食品身份的管理是构建溯源的根本。食品身份管理工作的内容如下:
(1)明确并肯定产品溯源的身份单位和生产原料;
(2)对各个身份单位的食品和原料采取分开管理的措施;
(3)明确产品以及生产原料的身份单位与其供应商、买卖者之间的关系,并记录相关信息;
(4)建立生产原料的身份单位与其半成品和成品两者的联系,并登记相关信息;
(5)如果生产原料被混合或者分隔,应该在混合或者分隔之前确立与其身份之间的关系,并且记录相关信息。

5.1.3 企业的内部检查

实行企业内部联网检查,有利于保证溯源系统的可靠性和提升其能力。对此,需要对企业内部做检查,其内容包括:
(1)依据已规定的程序,检查其工作是否到位;
(2)检查食品及其信息是否得到跟踪与追溯;
(3)检视食品质量和数量的变化情况。

5.1.4 第三方的监督检查

第三方的监督检查包括政府食品安全监管部门的检查和中介机构的检查,明确食品安全溯源系统得到有效运转,及时发现并解决问题,增加消费者的信任度。

5.1.5 向消费者提供信息

一般而言,向消费者提供的信息主要包括以下两个方面:

(1)即时信息,食品安全溯源系统所采集的即时信息包含食品的身份编号、联系方式等;

(2)既往信息,即食品生产经营者组织的活动以及产品以往的声誉等信息。

向消费者提供诸如上述信息时,应该注意保护食品生产经营者的合法权益。其中,在每个阶段记录和集聚存放的信息是食品溯源的基本要求。目前的常用技术有条形码、二维码、RFID 射频识别技术、EAN.UCC 系统标识技术以及同位素源技术。

5.2 EAN.UCC 系统标识技术

5.2.1 EAN.UCC 系统标识技术简介

食品安全溯源系统根本而言是一个用于管理食品信息的系统,即一个信息管理系统。信息的采集和传递源自信息标识,因此信息的标识是信息管理的首步。当今信息全球化是世界发展的必然趋势,信息管理若想紧跟国际化全球化的脚步,就必须使用国际正在使用的体系标准,唯有如此才能使建立的食品安全追溯平台与国际接轨,不被淘汰。

通常,使用在食品上粘贴可追溯标签来实现溯源管理。因为标签记录了该食品的可读信息,所以通过利用标签中的编码可为查找相关信息提供便利,也可以帮助企业确定产品的流向,对产品进行跟踪和后台管理。随着科技的进步,普通消费者在今天也同样可以在终端设备上通过产品上的标签获取产品的来源信息,可以说,标签管理是最有效、最快捷的溯源管理方式之一。

EAN.UCC 系统是一种全球统一标识系统,由商品条码发展而成,所以又被称为全球统一和通用的“商业语言”。美国代码委员会(UCC)和国际物品编码协会(EAN)联合花费 30 年时间努力研究并建立的一个全球供应链管理以及全球贸易管理的共同语言即标准化物流标识体系。由于该系统可以直接应用于电子数据交换(Electronic Data Interchange,EDI),这就极大地推动了现代电子商务的发展。

EAN.UCC 系统的基础是在任何供应链中都有一个明确的编码模式能用于标识物品或者服务,通过采用自动数据采集技术,便可有效运用于供应链的各个阶段。目前,该系统共有六大应用领域,即贸易项目标识、物流单元标识、资产标识、位置标识、服务标识和特殊应用。EAN.UCC 系统的所有用户均遵循相同的编码规则,通过特定的编码规则确保代码在全世界的唯一性,这就打破了国际贸易间最为困扰的语言壁垒,实现无障碍流转。另外,EAN.UCC 系统除了允许某个项目只有一个标识代码外,还可以添入附属信息,如一个公司或行业的参考代码、生产日期、有效期和批号等,这既有利于拓展编码的可读内容,又可以为日后软硬件升级留下充裕的空间。

当前 EAN.UCC 系统主要由 EDIEANCOM 系统、ID 编码系统、应用标识符系统、条码符号系统四个子系统组成。该系统是全球在开放式系统中使用自动识别技术的一个标准方案。EAN.UCC 系统巧妙地运用编码结构,实现对某些项目及其相关数据的标识。编码结构的差异,保证了代码在全球相关领域应用中的唯一性。例如,贸易项目中,首次交易前,供应方就以电子目录或标准报文的方式将标识代码传递给用户。为方便进出货点数据的自动采集,标识代码可以以条码等形式呈现。在生产中有两种方法用来产生标识条码:其一是预先印制条码和其他信息到包装上;其二是将带有条码的标签在生产线上粘贴到产品上。

EAN.UCC 系统应用于食品安全追溯系统中是十分有优势的,首先其为食品供应链各个环节的信息采集、传递、管理以及交换提供了一个有效可靠的方案;其次能为食品原材料、产品信息以及其他附属信息提供一个很好的标识标准;再次 EAN.UCC 系统是一个比较成熟的系统,出现问题时也容易找出并解决。很多世界发达国家使用 EAN.UCC 系统来进行食品全程追溯,如欧盟肉类产品和蔬菜产品的溯源系统都是基于 EAN.UCC 系统来实现的,成效突出。

EAN.UCC 系统之所以能很好地运用于食品追溯平台中,关键是其具有发达的编码体系。食品追溯中的首要问题是解决食品信息的标识,而一个强有力的标识标准是食品追溯平台建立的基础。EAN.UCC 系统的体系编码涉及范围十分广阔,食品物流、位置、贸易项目以及资产甚至服务关系在该系统中都能得到固定顺序的编码,做到编码的唯一性,这便有利于信息共享的实现。

全球目前已经有 100 多个国家和地区加入并采用了 EAN.UCC 标识系统,后续会有越来越多的国家加入,可以说这已经成为一种名副其实的、全球统一的标识系统和通用的商业语言。可以相信,随着科技的进步(载体扩容、数据库升级、读取技术提高等),该系统还会不断发展完善,以更好地服务于实际商业需求与运用。

5.2.2　EAN.UCC 系统标识技术的编码体系

EAN.UCC 系统主要包括三部分:功能数据交换、数据载体和编码体系。数据载体主要是指条码和 RFID,编码体系涉及的所有编码是具有唯一性的标识编码,数据交换主要采用 EDI 和 XML 包交换形式。EAN.UCC 系统的编码体系由六部分组成,包括贸易单元、物流单元、位置、服务、资产以及特殊应用,如图 5-1 所示。

下面就商品贸易编码体系进行详细介绍,商品贸易的 EAN.UCC 编码系统大体可分为三大部分,分别是全球参与方位置代码(GLN)、系列货运包装箱代码(SSCC)、全球贸易项目代码(GTIN)。

(1)GLN 的应用是实施 EDI 的前提条件,是用来标识物理位置、法律实体或项目内的实体。其代码结构有两种,见表 5-1 和表 5-2。

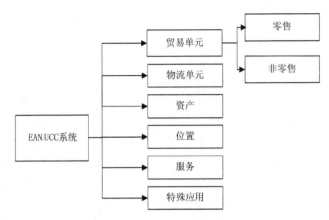

图 5-1　EAN.UCC 系统组成结构

表 5-1　GLN 结构一

厂家识别代码	位置参考代码	校验码
N1 N2 N3 N4 N5 N6 N7 N8 N9 N10 N11 N12		N13

表 5-2　GLN 结构二

前缀码	位置参考代码	校验码
692	N1 N2 N3 N4 N5 N6 N7 N8 N9	C

（2）SSCC 是每一特定物流单元的标识,具有唯一性,采用条码来表示,是一种非定长的、连续的、有含义的、可校验的编码。其代码结构包含五部分,分别是应用标识符、扩展位、厂商识别代码、参考代码、校验位。其代码结构见表 5-3。

表 5-3　SSCC 结构

应用标识符	系列货运包装箱代码			
00	扩展位	厂商识别代码	参考代码	校验位
	N1	N2 N3 N4 N5 N6…N14 N15 N16 N17		N18

（3）GTIN 的编码规则是在代码 EAN/UCC-13 的基础上多加入了包装指示符。其代码结构有四种,分别为 GTIN-13、GTIN-14、GTIN-8 和 GTIN-12,通过多种结构编码方式可以对不同包装形式的产品进行唯一标识,这样有利于实现商品零售,进、存货等其他业务运作的自动化。

5.2.3　EAN.UCC 系统标识技术的编码规则

1. 唯一性原则

反复强调的全球唯一性是商品编码最重要的一条原则。若商品具有相同的产品属性,则可认为是相同商品,应分配相同的商品代码;反之则分配不同的商品代码。

2. 稳定性原则

当商品的基本特征未发生任何变化时,对应的商品标识代码在经过分配后仍然保持着不变的状态,这就是商品标识代码的稳定性原则。无论采取何种生产方式,只要是同一商品,都必须采用相同的商品代码。原则上,即使该商品由于主观或者客观原因不再生产了,其代码在四年之内依然不能用于其他商品。

3. 无含义性原则

无含义性原则,即商品编码中的任何一个数字都不能包含与商品有关的特性信息。厂商在编制商品代码时,也应使用没有实际含义的流水号。

4. 开放性原则

开放性原则,即与贸易相关的数据可以无障碍地添加到 EAN.UCC 系统中。

5.3　无限射频识别技术

5.3.1　无限射频识别技术简介

射频识别(RFID)是一种无线传感器技术,是物体说话的一种方式。它是一种非接触式自动识别技术,于 20 世纪 60 年代末推出,并在 90 年代得到了广泛发展。通过射频信号与空间耦合传输特性,在不产生接触的情况下完成双向通信,对信息进行识别和采集。此技术主要是通过无线电波来完成信息的传输与识别,不会被空间所束缚,能够在很短的时间内完成物品跟踪和数据交换等任务。RFID 标签虽然体积很小,但却有着很大的容量,使用期限也很长,能够循环使用,多用于非视觉识别、快速读取、多物体识别、定位和长期跟踪管理。该技术融合了网络与通信等技术,能够对全球货物进行跟踪,并实现信息共享。通过此技术进行跟踪,避免了人工干预,工作效率得以提升,不需要投入过多人力资源。目前,动物管理、车辆防盗、停车管理、门禁管理、高速公路自动收费管理、流水线生产自动化、货物管理等多个领域都可以使用 RFID 技术。RFID 技术还在持续发展过程中,相关产业在未来会发展成新的高科技产业集群,届时将会多出一个新的经济增长点。

5.3.2　无限射频识别技术的工作原理

RFID 系统是由服务器端、RFID 读写器和一系列 RFID 标签构成; RFID 标签多用于保存字节信息,其保存容量多为 32 bit~32 000B,比较常见的有主动读写 RFID 标签和被动 RFID 标签两种:前者拥有电源供给,因此电量需求能够得到满足,此外,还拥有处理某些特殊数据的能力;后者不具备电源供给,能量的形成主要依靠阅读器所发射的电磁波,这种标签在市场上是比较常见的,因为其缺少能量供应源,因此不具备处理与通信能力,所以,被动标签只能处理简单状态的工作,无法进行通过媒介的监听处理。RFID 读写器是整个 RFTD 系统的录入部分,承载着入库的大部分功能。RFID 系统的主从结构如图 5-2 所示。

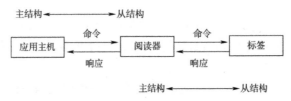

图 5-2　RFID 系统的主从结构

5.3.3　无限射频识别技术应用系统的构成

如图 5-3 所示,应答器、阅读器和高层共同形成了 RFID 应用系统。

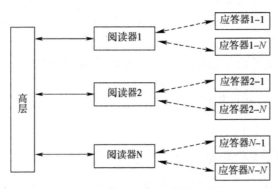

图 5-3　RFID 应用系统的结构

1. 应答器(射频卡和标签)

从原理层面来看,对 RFID 技术而言,最重要的就是应答器。应答器正是基于阅读器的具体性能设计出来的。从价格层面来看,阅读器要更高一些;从使用频率层面来看,应答器的使用更多。应答器由射频卡和标签构成,人们会参考当下的应用环境来挑选相对应的使用范围和品种,应答器的品种不同,外形结构也不同。

2. 阅读器(读写器和基站)

阅读器主要具有以下两大功能:其一是读;其二是写。基站源自无线移动通信。阅读器所拥有的功能和基站相同。在 RFID 系统中,可以对应答器进行固定,也可以让阅读器保持一个移动的状态。

3. 高层

如果是独自存在的应用,利用阅读器就能完成要求。如果是多阅读器构成的网络信息系统,则不能。高层利用科学、合理的方法对多阅读器采集到的数据进行整理,在此基础上实行有效管理,对这些数据展开更深层次的挖掘、加工和分析,最终做出正确的决策,即信息管理系统与决策系统。

4. 天线

无论是应答器,还是阅读器,都需要在天线的帮助下才能发挥作用。在 RFID 系统中,天线的存在是为了提高信息传送效率。在选择天线时,需要考虑以下因素:天线的种类、天线的阻抗性、应答器附着物相对应的射频特性、阅读器和应答器周边的金属物体情况。

5.3.4　无限射频识别技术的特点

(1)通过电磁感应来完成非接触式的自动识别。

(2)对无线频率有一定依赖,也遵守电频率的相关规范。

(3)通过编码技术来实现各种现代化的应用,对识别信息进行了数字化保存。

(4)将拥有多阅读器和应答器的设备整合起来,形成网络,实现大范围的系统应用,最终创建出较为健全的信息系统。

这是一项新兴技术,是在融合了多个学科的基础上形成的,涉及的领域也很多。

5.3.5　无限射频识别技术的优势

RFID 标签拥有与其他条形码标签不可比拟的容量优势,它能容纳 2 的 96 次方个码,即 268 亿个码。两者区别见表 5-4。

表 5-4　RFID 与条形码的对比

	RFID 技术	条形码技术
识别范围	几厘米到几十米不等,具有较强的穿透能力	足够靠近识别码
扫描速度	250 ms 读出数据,支持批量	一个一个识别
信息容量	可容纳 268 亿个码	一维几十个,二维 2 752 个
读写功能	多次读取,多次写入,可修改	一次写,多次读取

与条形码技术相比,RFID 技术具有下述优势。不需要其他介质,可以穿透非金属材料读取数据;使用寿命长,可以反复读写,工作环境以及温度区间大;可以轻松嵌入或粘在不同形状或不同类型的产品外观上;读取距离更远;可以数次输入及输出数据;RFID 数据读写时间比其他形式的条形码更短并且速度更快;标签的内容可以动态改变;能够同一时间处理多个标签;标签的数据在存取时可以设置密码,以提升数据的安全性;可以通过 GPS 技术对电子标签所附着的物体进行定位以配合运输行业;传统条码是人工管理,需要人为干预下一步需要做什么,而电子标签除使用成本较高外,具有其他条码技术无可比拟的技术优势,这就是智能化、信息化管理首选电子标签的原因。目前,技术的应用环境正在不断扩大,预计在不久的将来,电子标签将会完全占领市场。

5.3.6　RFID 和 Web Service 技术的融合

Web Service 的研发,最初是为了让相互独立的数据之间实现通信和资源共享。Web Service 所遵循的标准主要包括超文本传输协议(Hypertext Transter Protocol, HTTP)、XML、简单对象访问协议(Simple Object Access Protocal, SOAP)、Web 服务描述语言(Web Services Description Language, WSDL)等。其中,SOAP 是在 XML 基础上形成的,在分散或分布式环境中完成网络信息交换的通信协议。在该协议的影响下,软件组件或应用程序利用标准的 HTTP 协议,就能完成通信,则应用程序可以得到更多的用户访问。Web Service 是创建模块化、分布式应用程序所需要用到的新兴技术。该技术体系由以下三种角色构成:服务提供者(Service Provider)、服务请求者(Service Requester)、服务注册中心(UDDI Registry)。相关的基本操作包括以下三点:查找(find)、发布(publish)、绑定(bind)。这三者的交互模型如图 5-4 所示。

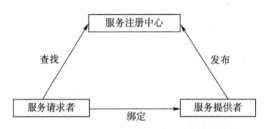

图 5-4　Web Service 体系的角色交互模型

首先,服务提供者会在一个 WSDL 文件中对 Web Service 做出描述,利用在 SOAP 基础上形成的 API 在服务中心对这个 Web Service 进行注册发布。服务请求者可以利用在 UDDI(统一描述,发现与集成协议)基础上形成的 API 在服务中心中搜索满足要求的服务提供者,成功锁定后就能得到 WSDL 文件。接下来,请求者会创建 SOAP 请求,提供者会收到该请求,并进行处理。作为请求者,也可以使用这一服务。

Web Service 体系结构的主要优点之一是使用标准的 Web 协议(XML、HTTP 和 TCP/IP),使不同语言编写的程序基于标准化的方式进行相互通信。

跨平台的互操作性是 Web Service 的主要目标。为了达成这个目标,Web Service 完全是在 XML、JS 对象简谱(Java Script Object Notaion, JSON)等可扩展标记语言的基础上完成的,与平台和其他软件供应商的标准之间保持着一种独立关系,这是一个创建可相互操作的、分布式的应用程序新平台。

近年来,Web Service 技术在信息技术领域也值得关注,它对系统组件化的架构设计、实施和部署,开发和使用合理。目前,RFID 和 Web Service 是两个国内外最活跃的研究和应用。在 RFID 系统中使用线上服务,中间件负责 RFID 系统在整个系统中的数据交流。企业之间的信息交流、企业之间服务注册表的信息交流,这些功能的实现几乎已经成为人们共同的目标。所以,结合 RFID 和 Web Service 是一个非常明智的选择。一个基于 RFID 技术的线上服务及企业信息化系统能够不断满足企业信息化应用服务的不同需求。此外,从技术角度来看,实现与 RFID、Web Service 的良好兼容,项目便可以相互交流,无须人工干预。利用 RFID 技术和 Web Service 技术打造非接触式,通过互联网识别单号实时更新物流信息并与信息平台共享,使 RFID 与企业信息系统保持非常密切的联系。建立一个信息系统平台并非易事,结合 RFID 和 Web 服务的发展仍然需要做很多工作。

5.3.7　无限射频识别技术在供港果蔬溯源管理中的应用

1. 分析与设计

本项目开发供港果蔬从种植基地到供港的全程溯源电子信息管理系统,拟由全程溯源跟踪综合应用服务软件、信息服务基础平台、数据处理中间件、溯源跟踪标识及溯源跟踪标识采集设备组成。该系统可实现供港果蔬的信息查询,实现果蔬从种植基地到加工甚至最终消费者的全程跟踪溯源,实时追溯或跟踪果蔬的移动和活动,提供食品链中食品与来源之间的可靠联系,确保供港果蔬的来源清晰,并可追踪到具体的果蔬批次及种植场。

1)方案设计说明

Ⅰ.主要任务

结合用户的需求及溯源目标,本系统主要完成以下任务:

(1)通过计算机系统平台规范原有业务流程;

(2)通过电子标签的应用改善溯源管理体系;

(3)通过数据库记录数据流的过程及数据验证结果,从而解决数据的存储和业务流程的流转;

(4)通过对果蔬药残检测结果的自动提取,减少人干预,确保数据真实有效。

Ⅱ.设计目的

食品安全供应链溯源信息平台果蔬溯源系统(简称果蔬溯源系统),需结合用户提出的要求,明确系统中的模块结构及各模块的详细功能,验证是否满足用户的要求。

Ⅲ.设计说明

本方案中描述了果蔬溯源系统业务的更新模式,提出新的业务流程,详细描述了系统软件、硬件实现方式。在软件设计中,工作流和数据库是整个软件设计的核心。实现信息的录入和读取,以及后台关系型数据库的连接和查询,需要依靠强大的工作流来进行业务的自动流转,将前台收集的信息通过工作流自动地流到相关的职能部门和承办人员处进行处理,而数据库是信息传递、安全控制信息存储中最为关键的环节。

2)需求分析

Ⅰ.供港蔬菜模式总结

供港蔬菜模式主要有以下四种:

(1)种植基地直供港模式;

(2)加工配送企业供港模式;

(3)通过南山农批市场加工配送中心的供港模式;

(4)通过接驳的供港模式。

Ⅱ.种植基地直供港模式分析

对种植基地直供港模式的调研地点选在了光明新区的裕兴农场。经过调研,可以发现裕兴农场并没有直供港的蔬菜,其所谓的直供港蔬菜就是指输送到香港的蔬菜,而这些蔬菜都是要经过加工厂加工后才输送到香港的。因此,事实是从供港模式的角度来讲,裕兴农场仅仅是蔬菜加工厂的原料提供方,属于加工配送企业供港模式的一个环节,是供货证明上的蔬菜生产基地。

笔者在调研相关文档时发现,光明农场存在种植基地直供港模式——光明农场经文锦渡口岸直供香港百姓。因此,如果要对种植基地直供港模式进行研究,可以考虑再去光明农场调研。

Ⅲ. 加工配送企业供港模式分析

加工配送企业供港模式流程如图 5-5 所示。

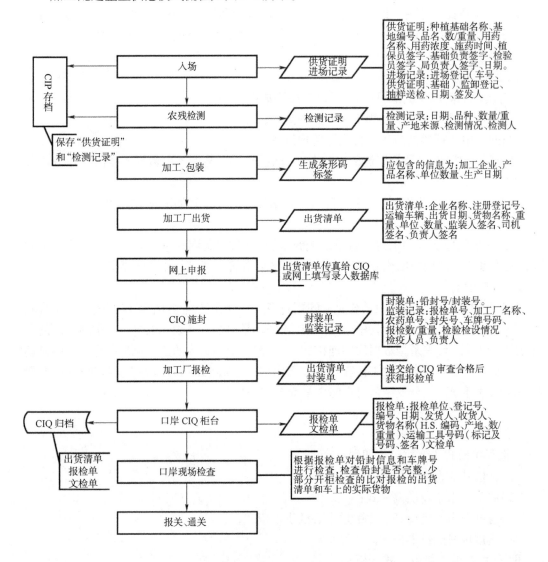

图 5-5 加工配送企业供港模式流程

CIQ—出入境检验检疫局

该业务流程处理的基础数据包括以下六个方面。

（1）供货证明登记：供货证明编号、基地备案号、基地名称、企业名称、产地局或来源地、签发日期、货物名称、规格、数/重量、单位、采摘前三周以来施用农药名称、用药浓度、施药时间。

（2）加工原料入场登记：批发商名称、运输工具（即车牌号码）、品种分类（大品种、小品种）、基地备案号、证明编号或基地名称、货物名称、数量、单位包装种类及件数、单位、是否送检、入场登记号、登记日期、登记员。

（3）样品检测：送检单号、样品编号、样品名称、检测通道号或孔位、抑制率。

（4）加工登记：买方（加工方）、卖方（批发商）、入场单号、证明编号、备化物名称、加工数量、单位、确认单号、登记日期、登记员。

（5）加工成品出库登记（出货清单）：商户名称、车牌号码、确认单号、出货数、包装种类及件数、出货清单号、出货日期、登记员。

（6）检验检疫现场监装：报检编号、出货清单号、封识号码、领用人、现场监装环境。

3）总体设计方案

（1）软件系统结构如图 5-6 所示。

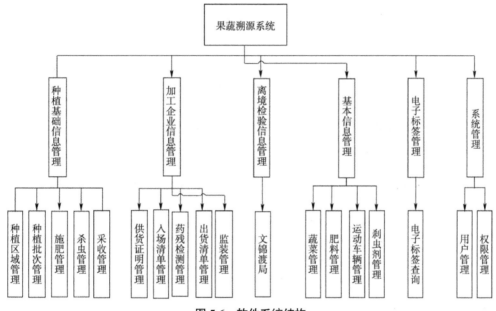

图 5-6　软件系统结构

（2）功能模块说明见表 5-5 和表 5-6。

表 5-5　溯源系统功能说明

子系统	功能模块	子模块	描述
种植基地信息管理	种植地块管理	信息录入	数据录入、修改、删除
		统计查询	通过不同条件单独或组合查询,显示结果列表
	种植批次管理	信息录入	数据录入、修改、删除
		统计查询	通过不同条件单独或组合查询,显示结果列表
	施肥管理	信息录入	数据录入、修改、删除
		统计查询	通过不同条件单独或组合查询,显示结果列表
	杀虫管理	信息录入	数据录入、修改、删除
		统计查询	通过不同条件单独或组合查询,显示结果列表
	采收管理	信息录入	数据录入、修改、删除

子系统	功能模块	子模块	描述
加工企业 信息管理	供货证明管理	加工企业从种植基地购买的果蔬记录	
	入场清单管理	每个运输批次的进货信息	
	药残检测管理	每个进货批次的药残检测信息录入	
	出货清单管理	每个出货单的出货信息录入	
基本信息 管理	监装管理	对实际出货数量进行监督	
	蔬菜管理	备案蔬菜	
	肥料管理	备案肥料	
	杀虫剂管理	备案杀虫剂	

表 5-6　溯源客户端功能说明

子系统	描述
药残数据管理	自动获取加工厂药残检测数据
标签打印管理	根据出货清单自动打印蔬菜标签
RFID 标签写入管理	根据出货清单给每筐菜写入 RFID 标签数据

2. 系统功能设计

1）基础信息管理

基础信息管理主要是对种植基地、加工企业、肥料、农药、蔬菜等基础信息的录入和管理。

Ⅰ.种植基地管理

种植基地管理主要录入的种植基地信息有：注册编号、注册名称、负责人、联系电话及操作，如图 5-7 所示。

种植基地管理

───────────────────────────

种植基地列表

新增种植基础

序号	注册编号	注册名称	负责人	联系电话	操作
1	530000SC00039	通海联达生态食品有限公司			查看 修改 删除
2	211081SC00001	辽阳利农西马峰西兰花基地			查看 修改 删除
3	211011SC00001	辽阳利农蛤蜊西兰花基地			查看 修改 删除
4	441300SC40073	博罗英辉菜场			查看 修改 删除
5	441300SC40079	惠阳麦氏菜场			查看 修改 删除

图 5-7　种植基地管理

（1）蔬菜种植批次信息管理。种植基地每次地块重新种植一次蔬菜,便需要进行蔬菜种植批次信息录入操作。种植主要录入信息有:种植基地信息、种植地块信息、种植蔬菜信息、种植日期、种植面积以及生产负责人。

（2）蔬菜施肥批次信息管理。种植基地种植了蔬菜后,在蔬菜种植期间需要对每次施肥信息进行录入操作。施肥主要录入信息有:种植批次信息、肥料信息、施肥日期、使用量、使用人、施肥方法。

（3）蔬菜杀虫批次信息管理。种植基地种植了蔬菜后,在蔬菜种植期间需要对每次杀虫施药信息进行录入操作。施药主要录入信息有:种植批次信息、农药信息、施药日期、施药量、施药浓度、施用人、施药方式。

（4）蔬菜采收信息管理。种植基地蔬菜成熟,收到加工企业订单即将采收时需要进行蔬菜采收信息录入。采收主要录入信息有:种植批次信息、采收数重量、检测编号、检测结果、检测人、采收日期。

Ⅱ.加工企业管理

加工企业管理主要是针对蔬菜在加工企业的情形进行管理,确保蔬菜的溯源能够完成。加工企业的管理分为三个部分:入场清单管理、出货清单管理和监装管理。

加工企业管理主要录入的加工企业信息有:注册编号、注册名称、负责人、联系电话及操作,如图 5-8 所示。

加工企业管理

加工企业列表

新增加工企业

序号	注册编号	注册名称	负责人	联系电话	操作
1	GC00014	深圳市勤忠农产品有限公司	苏海忠	13006678956	查看 修改 删除
2	GC00003	深圳市农易升贸易有限公司	李成山	13049853501	查看 修改 删除
3	JB006	襄阳市襄阳乾兴农业有限公司	李梅珍	13823588053	查看 修改 删除
4	GC00005	深圳市农安认证农产品有限公司	邓东升	13802234107	查看 修改 删除
5	GC00006	深圳供港农产品进出口公司	杜曼	13480104581	查看 修改 删除

图 5-8 加工企业管理

Ⅲ.肥料管理

种植基地肥料管理的主要录入信息有:肥料编号、肥料名称、肥料类别,示例图 5-9 所示。

肥料管理

肥料列表

新增肥料

序号	肥料编号	肥料名称	肥料类型	操作
1	FL001	海藻肥		查看 修改 删除
2	FL002	牛粪		查看 修改 删除

图 5-9　肥料管理

Ⅳ.农药管理

种植基地农药管理的主要录入信息有:农药编号、农药名称、防治对象、安全间隔时间。示例如图 5-10 所示。

农药管理

农药列表

新增农药

序号	农药编号	农药名称	防治对象	安全间隔时间/天	操作
1	NY001	菜乐	菜虫	15	查看 修改 删除
2	NY002	虫净	飞蛾	10	查看 修改 删除

图 5-10　农药管理

Ⅴ.蔬菜管理

种植基地蔬菜管理的主要录入信息有:蔬菜编号、蔬菜名称、蔬菜类型。示例图 5-11 所示。

蔬菜管理

蔬菜列表

新增蔬菜

序号	蔬菜编号	蔬菜名称	蔬菜类型	操作
1	009	芥菜	1	查看 修改 删除
2	017	娃娃菜	1	查看 修改 删除
3	221	辣椒	0	查看 修改 删除
4	008	上海青	1	查看 修改 删除
5	038	青葱	1	查看 修改 删除
6	001	菜心	1	查看 修改 删除
7	016	绍菜	1	查看 修改 删除
8	032	胡萝卜(甘荀)	1	查看 修改 删除

图 5-11　蔬菜管理

Ⅵ. 系统管理

系统管理主要是对用户、角色、权限等系统功能信息的录入和管理。

（1）用户管理是指系统用户的新增、修改、删除操作,管理的主要信息有:登录名、用户姓名、用户类型、用户角色及操作,如图 5-12 所示。

用户管理

用户列表

新增用户

序号	登录名	用户姓名	用户类型	用户角色	操作
1	xmuwhq	王红旗	加工企业用户	加工企业用户	查看 修改 删除
2	admin	系统超级管理员	ADMIN	超级管理员	查看 修改 删除
3	palntation	种植基地测试用户	种植基地用户	种植基地用户	查看 修改 删除

图 5-12　用户管理

（2）用户权限管理是指系统用户和角色的映射关系管理,管理的主要信息有:角色名称及操作,如图 5-13 所示。

权限管理

权限列表

新增权限

序号	角色名称	操作
1	超级管理员	编辑权限
2	检验检疫用户	编辑权限
3	种植基地用户	编辑权限
4	加工企业用户	编辑权限

图 5-13　用户权限管理

（3）用户角色管理如图 5-14 所示。

角色管理

角色列表

新增角色

序号	角色名称	操作
1	超级管理员	修改 删除
2	检验检疫用户	修改 删除
3	种植基地用户	修改 删除
4	加工企业用户	修改 删除

图 5-14　用户角色管理

（4）用户密码管理是指系统用户可以在这里更改登录密码。更改登录密码需要输入旧密码并重复输入两次新密码后提交,在提示密码修改成功后再次登录系统时需要使用新设置的密码,如图 5-15 所示。

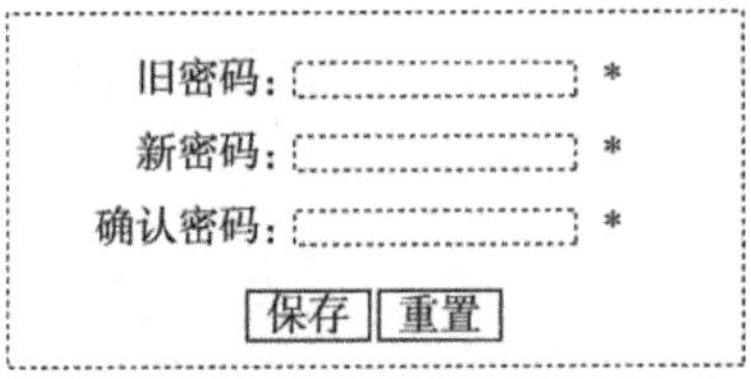

图 5-15　用户密码管理

2)药残检测模块

药残检测模块主要负责药残检测数据的处理。首先,检测员根据入场清单获取对应批次要检测的果蔬品种,系统每天会根据录入的入场清单随机产生一批检测品种数据,这份数据通过 Web Services 传给溯源客户端。

3)标签打印模块

根据药残检测的结果,系统判断此批次货物是否能够出货,若能出货,则入场清单转成出货清单,标签打印程序自动根据出货清单信息打印出企业出货所需要的纸质标签。同时,系统将生成对应的 RFID 数据信息,通过客户端上的数据交互程序,可以直接将数据从本地 PC 机上传到 RFID 手持式读写器上。

4)手持机 RFID 读写模块

手持机上的果蔬溯源程序初始化后,会自动读取当前手持机上的 RFID 数据文件,在手持机上显示出 RFID 数据文件名,即为当前的出货批次号,然后对应蔬菜选择品种,将 RFID 数据写入标签中。

5)Alien 9800 监装管理

进入监装管理界面之后,系统会自动获取当前可监装的列表,出货人根据当前的出货清单,选择对应的清单项目,即可进入监装环节。带有 RFID 标签的蔬菜被推出加工厂出货口时,标签会被天线所发出的能量所激活,向外发送标签数据。Alien 9800 的阅读器会收到相应数据,系统根据收到的标签到出货清单里找到相应的项,并将与之相关的信息显示出来。这样做一是防止加工厂出错,二是记录加工厂的出货数量,防止加工厂多出货。

3. 开发与应用

1)硬件设备介绍

(1)电子标签介绍见表 5-7。

表 5-7　电子标签

参数	测试情况	使用情况
1. 标准工作频率:915 MHz 2. 通信协议:EPC C1G2 3. 容量:96 bit 4. 有效读写距离:5~10 mm 5. 工作温度:0~50 ℃ 6. 储存温度:−40~80 ℃ 7. 使用年限:数据保存 2 年以上	1. 阅读器识别率 100%,识读距离良好 2. 由标准 RFID 电子标签封装面组成,正面为塑料膜,背面为单面胶,具有防水、防酸、抗高温等特性	目前在深圳超大现代贸易发展有限公司经常使用

（2）WORKABOUT 7525 手持式掌上电脑(Personal Digital Assistant，PDA)介绍见表 5-8。

表 5-8　手持式 PDA

参数	测试情况	使用情况
1. 有效读写距离:0.5 m 2. 操作系统:Wince 5.0 3. 脱机时间:5 h 4. 支持 WIFI、蓝牙 5. 扫描头可替换	阅读器识别率 100%;不支持多标签写入,支持多标签读取	目前在深圳超大现代贸易发展有限公司经常使用

（3）Alien 9800 固定式读写器介绍及表 5-9。

表 5-9　固定式读写器

参数	测试情况	使用情况
1. 工作频率:902.75~927.25 MHz 2. 结构:XScale 处理器、Linux、64 MB RAM、32 MB Flash 3. 网络协议:DHCP、TCP/IP、SNTP	读写器识别率 100%;最多支持射频范围内 50 个电子标签并行读取	目前在深圳超大现代贸易发展有限公司经常使用

（4）车载卡介绍见表 5-10。

表 5-10　车载卡

参数	测试情况	使用情况
1. 工作频率: 433 MHz 和 920 MHz 频段工作 2. 发射功率:10~20 dBm 3. 通信速率:>9 600 bit/s	可靠读写距离为 200~300 m,识别率 100%	已在深圳市各大口岸使用

2）软件安装调试

Ⅰ.溯源系统

在办公室内能够连接到 Internet 的电脑上,打开 IE 浏览器,登录供港果蔬系统,进入系统登录页面,输入用户名和密码登录系统,如图 5-16 所示。

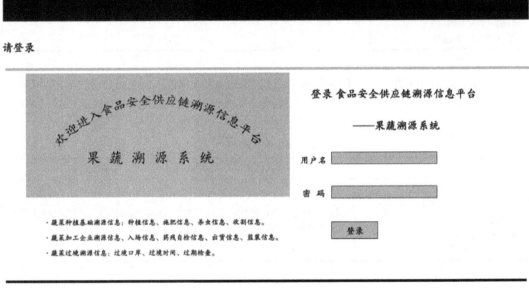

图 5-16　系统登录界面

（1）加工企业管理模块包括供货证明管理、药残检测管理、出货清单管理、监装记录管理,如图 5-17 所示。

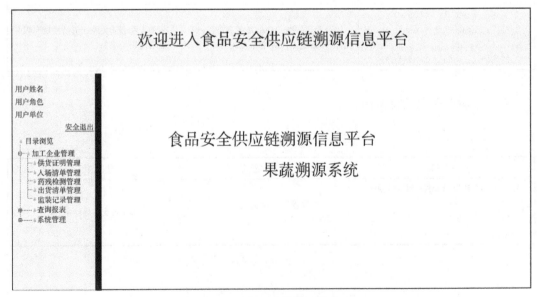

图 5-17　加工企业管理模块

（2）种植基础管理模块包括种植地块管理、种植批次管理、施肥管理、杀虫管理、采收管理，如图 5-18 所示。

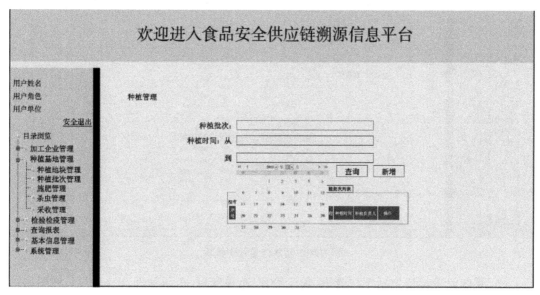

图 5-18　种植基地管理模块

（3）检验检疫管理包括现场查验、蔬菜车辆监控，如图 5-19 所示。

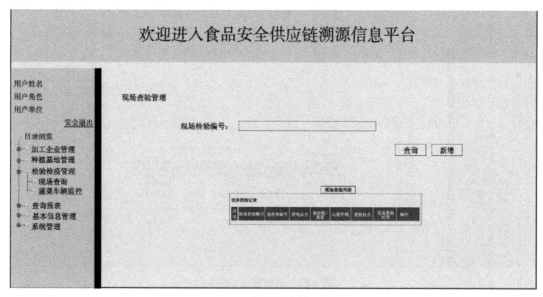

图 5-19　检验检疫管理模块

（4）基本信息管理模块包括种植基础管理、加工企业管理、蔬菜管理、肥料管理、农药管理、车辆管理，如图 5-20 所示。

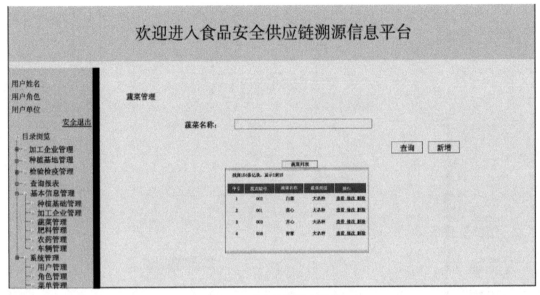

图 5-20 基本信息管理模块

（5）系统管理模块包括用户管理、角色管理、菜单管理、权限管理、密码管理,如图 5-21 所示。

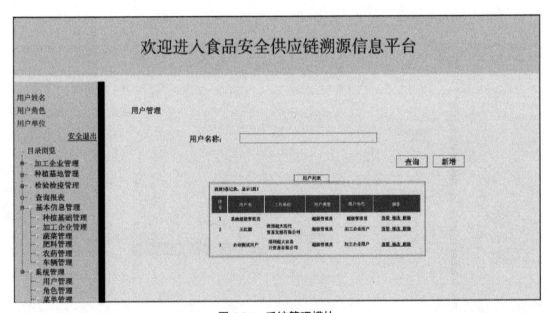

图 5-21 系统管理模块

Ⅱ. 溯源客户端

打开果蔬溯源系统后,出现如图 5-22 所示的主界面,主界面列出了四个功能模块,点击对应图片即可进入相应功能进行操作。

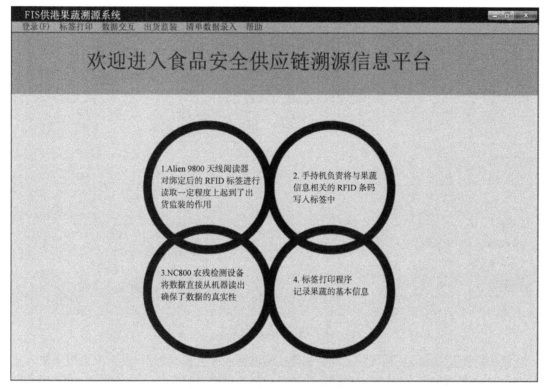

图 5-22 果蔬溯源系统主界面

单击菜单栏上的"登录"进入系统登录页面,如图 5-23 所示。其中用户名、密码是检验检疫局为各加工厂配备的。

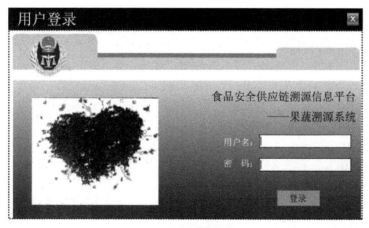

图 5-23 登录框

若输入的用户名或密码不正确,将不能进入系统。

a. 药残检测模块

点击主页面上的 NC800 图片或菜单栏中的"药残数据录入",进入药残检测模块,如图 5-24 所示。

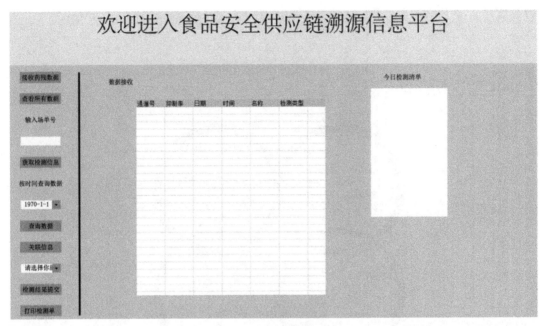

图 5-24　药残检测模块

首先检测员在加工厂领取入场单,在药残检测模块中输入检测单号,系统会根据输入的检测单号取得检测员今日的检测清单,检测员根据这个清单进行检测。检测完毕后,用串口线将 NC800 与 PC 相连,检测 PC 网络状态,并设置 NC800 为 PC 模式。点击接收药残数据按键,系统将读入 NC800 的检测数据,检测员根据日期对数据进行筛选,选取今天的检测数据并与指定的检测项目相关联。所有检测项目关联完毕后,进行检测人员签名,并打印测单,提交数据。

b. 标签打印模块

点击主页上的打印机图片或菜单栏中的"标签打印",进入标签打印模块,如图 5-25 所示。

检测合格后,系统会生成出货单,出货员在加工厂领取出货清单,在标签打印系统中输入出货清单号,可以获取今日出货信息一览表,通过单击其中的项目可以将其打印出来。打印的时候选择打印机为 Zebra TLP3844-Z,如图 5-26 所示。

考虑到其他因素可能会造成标签的缺少,标签打印中设置了补打操作,对于标签数量不够的情况,可以使用其进行补打。

c. RFID 手持设备读写模块

首先检查设备与 PC 的连接状态,然后点击主页面上的 PDA 图片或菜单栏上的"数据交互",将弹出数据交互的对话框,如图 5-27 所示。

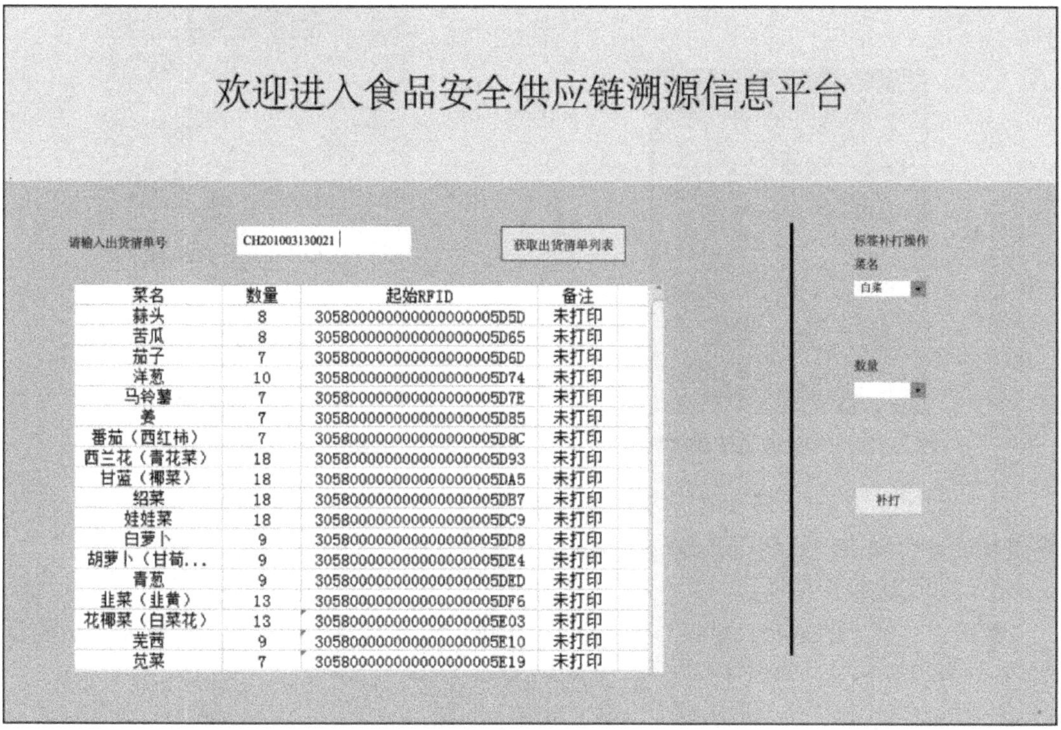

图 5-25　标签打印模块

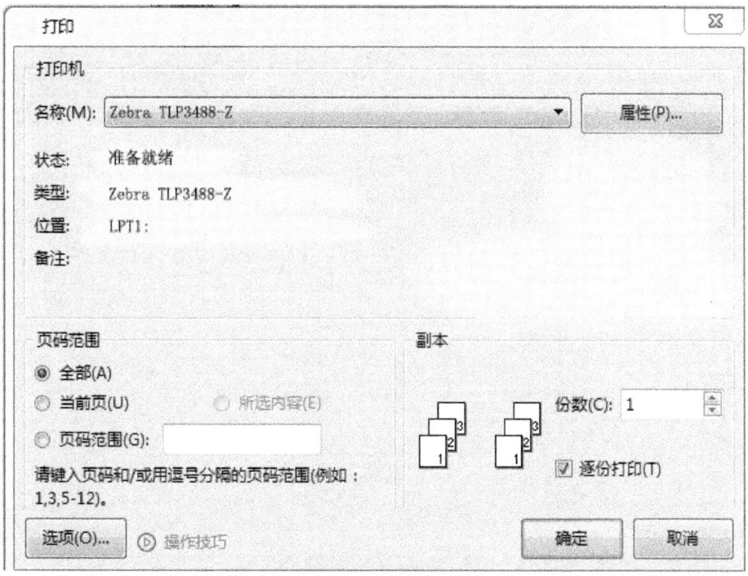

图 5-26　打印机选择

此处的 RFID 数据于标签打印时已经生成 rfid 格式的文件,将这些文件传输至 PDA 中,因为 PDA 装有对超高频电子标签 Ultra High Frequency(UHF)标签读写的读头,下一步操作就转移至 PDA 中。PDA 上运行的程序如图 5-28 所示。

图 5-27　RFID 数据传输模块

图 5-28　标签终端界面

对于加工厂人员,只需要在上面选择出货清单号,并选择相应的菜名,系统就会自动传输出其对应的 RFID 号,利用 PDA 对 UHF 标签的读写能力,即可完成标签读写工作。

d.门式阅读监管系统

点击主页面上的 Alien 9800 图片或菜单栏中的"出货监装",即可进入出货监装功能模块,如图 5-29 所示。

图 5-29　出货监装功能模块

将带有 RFID 标签的果蔬通过门式阅读器时,门式阅读器会读出每次出货的标签,并在系统中进行关联,使加工厂出货人员能立即知道出货数量、是否出错货,同时这部分信息也会被检验检疫局了解,实现了检验检疫局对加工厂出货数量的远程管理。

出货过程无误之后,监装人员可以在系统上填写监装单,如图 5-30 所示。

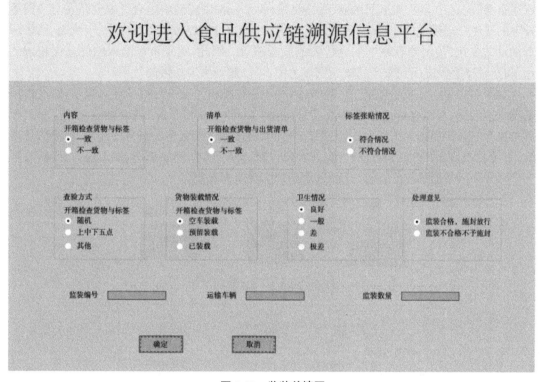

图 5-30　监装单填写

3)硬件和软件培训

在设备安装完成后,分别对蔬菜加工厂人员进行软件和硬件的培训,教会它们如何操作。

4)示范结果

示范结果如图 5-31 所示。

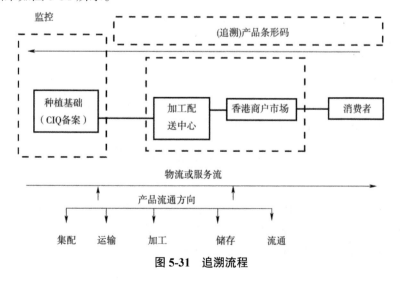

图 5-31　追溯流程

4. 系统推广

蔬菜质量安全追溯管理系统以供应链管理技术、信息技术为基础,涉及种植基地、农业流通企业(配送中心)、加工配送商、香港批发商,是一种供应链中综合考虑食品安全和资源效率的现代管理模式,同时具有追溯功能,其目的是通过监控蔬菜质量在生产、流通、销售环节的动态变化,使消费者吃上安全优质的放心蔬菜。因此,实现市场准入的信息化和智能化,将高科技手段应用到农产品流通领域之中,可以起到事半功倍的效果。

如图 5-32 所示,重点监控三个环节:第一环节对种植基础进行市场准入管理,通过种植基础管理系统,可以将产地基本情况、产品、生产原材料、生产情况、供应渠道、供应产品、产品初检等信息传递到加工配送中心;第二个环节通过加工配送中心自身的建设,利用信息系统,采用 RFID 技术和条形码技术,实现农残检测、交易管理、产品识别、加工企业管理等;第三个环节采用条形码技能,通过产品追溯系统实现追溯机制。

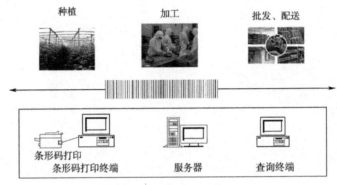

图 5-32 追溯重点监控环节

出现蔬菜质量问题时,可以在追溯系统中,由消费者、批发商,通过产品条形码查询加工配送中心所提供的信息服务平台,向上游溯源。

1. 经济效益

(1)全面推广供港蔬菜示范平台,形成规范管理,可节省部分供港蔬菜管理费用。

(2)通过推广,将形成品牌蔬菜基地企业,通过品牌提升,可以为企业提高效益,每年可以为企业增加收益。

2. 社会效益

提升现有基地管理水平,从之道的"以口传递、简单的书面管理"向"电子化、无纸化管理"转变,节省资源,提高工作效率,简化现有管理流程,减轻工作人员的检疫强度,为市场提供安全放心的食品,为供港食品提供示范效应。

5.3.8 RFID 无限射频识别技术在冷冻食品溯源管理中的应用

1. 系统介绍

冷冻食品在生产、运输和储存中,对周围温度有着严格的要求。此项目使用 RFID 技术作为信息载体,兼顾条形码、集成网络与通信等技术,实现信息化时代的高效物流管理。由关键点信息采集平台、信息服务基础平台、数据处理中间件、溯源跟踪标识以及溯源跟踪标识采集设备组成。该系统对冷冻食品的原材料采购、原料检验、生产加工、成品检测、仓库存储、运输和销售这些关键点进行了数据采集与验证,实现从生产到加工甚至最终消费者的全程跟踪溯源,实时追溯或跟踪冷冻食品,提供食品链中食品与来源之间的可靠联系,确保冷冻食品的来源清晰,并可追踪到具体的生产原料及原料生产厂家。并且该系统可实现政府监管部门对冷冻食品供应链的全程实时监控以及食品信息的溯源管理;优化企业的信息管理流程,简化和加快企业的通关流程;同时满足消费者对食品信息的知情权。

1)方案设计说明

Ⅰ.主要任务

结合厂家、政府管理部门与用户的需求及溯源目标,本系统主要完成以下任务:

(1)通过计算机系统平台规范原有业务流程;

(2)通过电子标签的应用完善溯源管理体系;

(3)通过数据库记录数据流的过程及数据验证结果,从而解决数据的存储和业务流程的流转。

Ⅱ.设计目的

基于 RFID 的冷冻食品及其冷链管理系统,结合用户提出的需求,明确系统中的模块结构及各模块的详细功能,以验证是否满足用户的要求。

本方案中描述了基于 RFID 的冷冻食品及其冷链管理系统的更新模式,提出新的业务流程,详细描述了系统软、硬件实现方式。

2)总体设计方案

系统总体功能模块如图 5-33 所示。

在图 8-1 中,主要分为六个模块,分别是系统管理模块、基础信息管理模块、收货管理模块、生产管理模块、出货管理模块和 RFID 查询模块。

系统管理模块主要涉及用户登录、注册、注销和退出等基本操作。

基础信息管理模块主要负责冷冻食品生产中所需的重要基础原料、基本配方(不涉密)的管理,基础原料和配方的添加、修改、删除等。

收货管理模块主要负责冷冻食品生产中的原材料收货环节,包括:收货的批次、时间,增加收货记录和管理收货记录,收货记录单的添加、修改、删除等。

生产管理模块主要负责冷冻食品生产过程中的相关管理,包括:生产记录单的填写,增加生产记录和管理生产记录,对生产记录单的添加、修改、删除等。

出货管理模块主要负责冷冻食品运出仓库的过程,包括:填写出货单,填写监管记录单,将货物与 RFID 标签进行绑定,对出货、监装记录单的添加、修改、删除等。

RFID 查询模块主要根据 RFID 标签来查询冷冻食品的相关溯源信息,如原材料信息、生产信息、厂家自检信息、出货信息、溯源信息等。

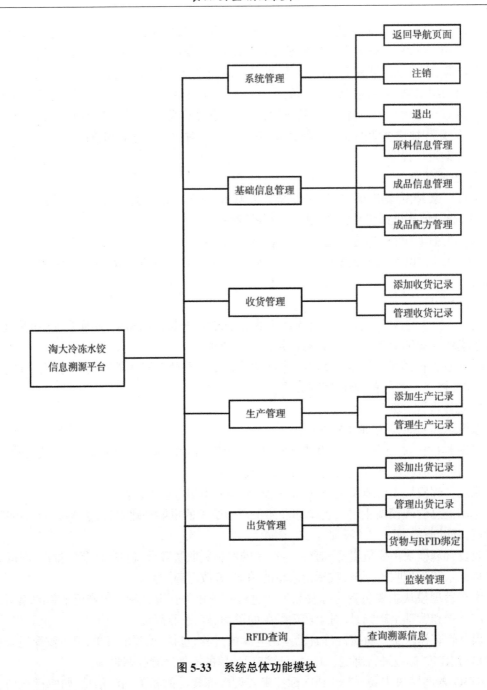

图 5-33　系统总体功能模块

3)功能设计

系统采用 C#开发,数据库采用 SQL SERVER 2005。

I.系统管理模块

系统管理模块主要负责用户登录、注册、注销和退出等相关基本操作,主界面如图 5-34 所示。

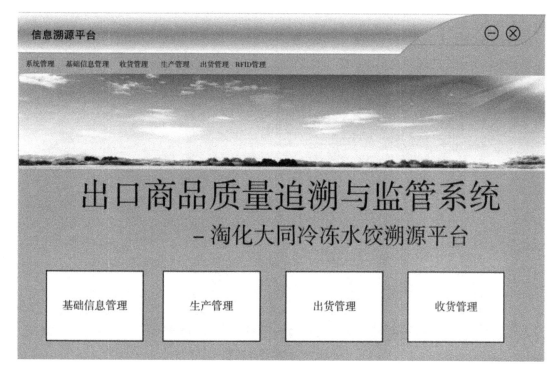

图 5-34　系统登录主页面

该系统管理模块主要由以下几类构成。

（1）MianForm.cs：系统初始化界面是最开始的界面，具有导航功能。

主要函数如下。

LogoutHandler（　）：用于用户注销，更换用户登录。

SHJLHandler（　）：调用收货记录界面。

（2）LoginForm.cs：系统初始化时提供给用户登录所用，必须通过验证。

主要函数如下。

LoginHandler（　）：验证函数，将用户登录名与密码进行比对，通过则进入系统。

（3）Navi.cs：系统导航界面，便于用户选择。

主要函数如下。

Butto1_ Click（　）：前往按钮所展示的页面。

Ⅱ. 基础信息管理模块

基础信息管理模块主要负责冷冻食品生产中所需的重要基础原料、基本配方（不涉密）的管理，基础原料和配方的添加、修改、删除等。

原料管理页面如图 5-35 所示。

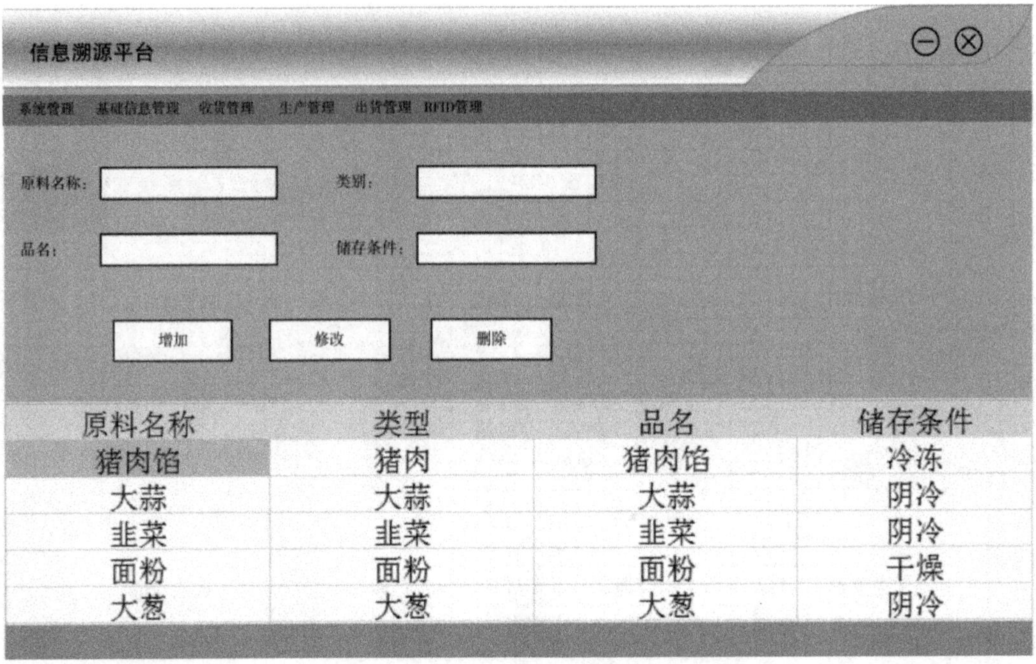

图 5-35　原料管理页面

产品信息管理主要是对成品的品名、存储条件等进行管理,如图 8-36 所示。

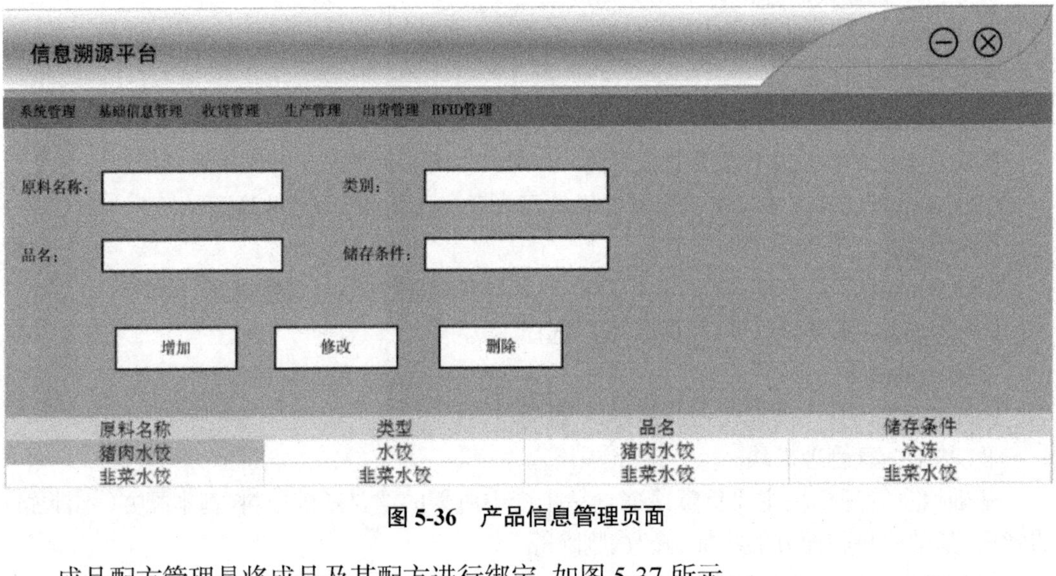

图 5-36　产品信息管理页面

成品配方管理是将成品及其配方进行绑定,如图 5-37 所示。

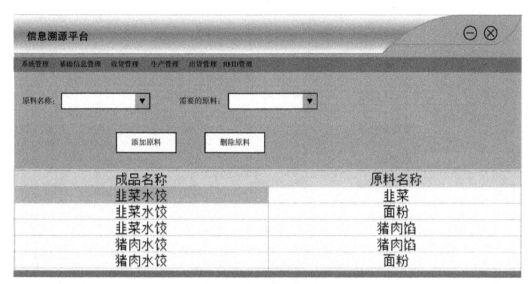

图 5-37　成品配方管理页面

基础信息管理模块主要由以下几类构成。

(1)CPPE.cs：将原料与成品进行绑定，同时展示出来。

主要函数如下。

init( )：初始化各种显示信息。

comboBoxCPMC_SelectedIndesChanged( )：用于下拉列表改变时触发，实时显示成品名称。

display( )：用于显示数据表格。

(2)CPXX.cs：操作成品信息，写入数据库以备以后调用。

主要函数如下。

displayData( )：展示已有的成品信息。

buttonAdd_Click( )：添加成品信息记录。

(3)YLXX.cs：操作原料信息，写入数据库以备以后调用。

主要函数如下。

displayData( )：展示已有的原料信息。

buttonAdd_Click( )：添加原料信息记录。

Ⅲ.收货管理模块

收货管理模块包括增加收货记录和管理收货记录。

增加收货记录对原料及其供应商、保持期、包装、外观等方面进行验收，当需要进行测试的，还需要提交测试结果单，如图 5-38 所示。

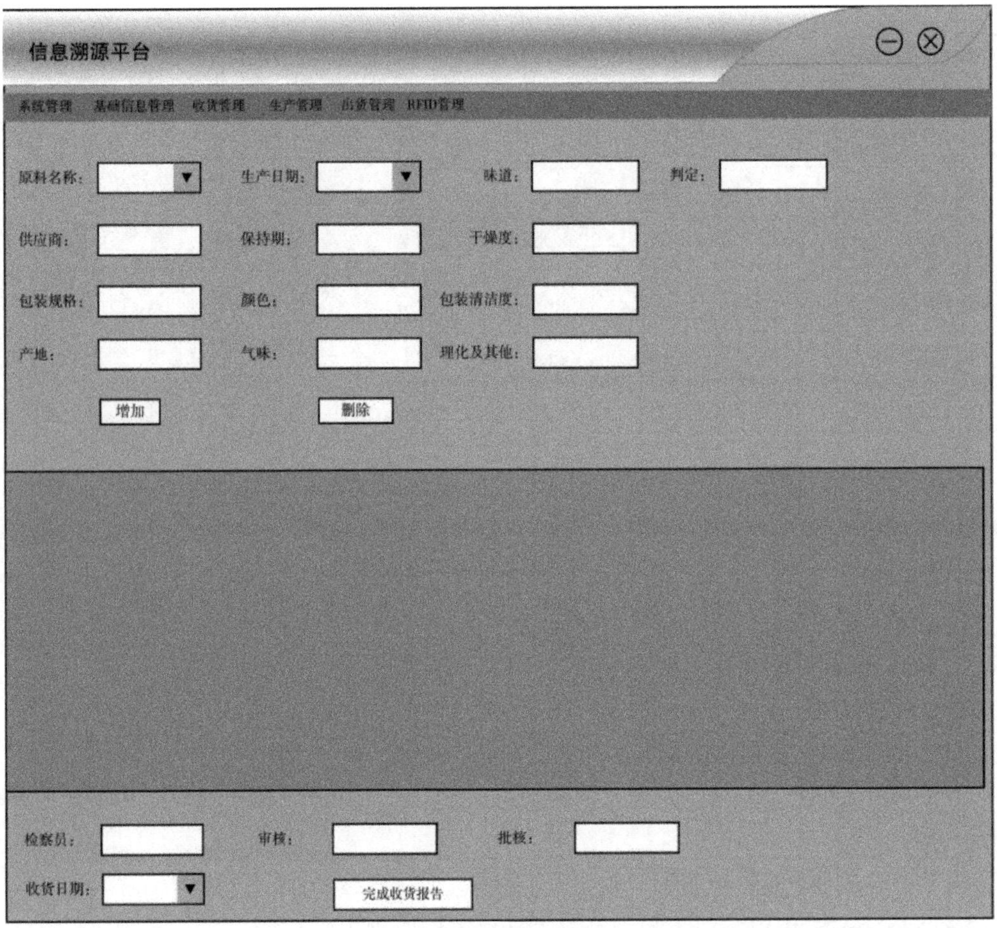

图 5-38　增加收货记录页面

管理收货记录对所有的收货记录进行管理,实现修改或者删除,如图 5-39 所示。

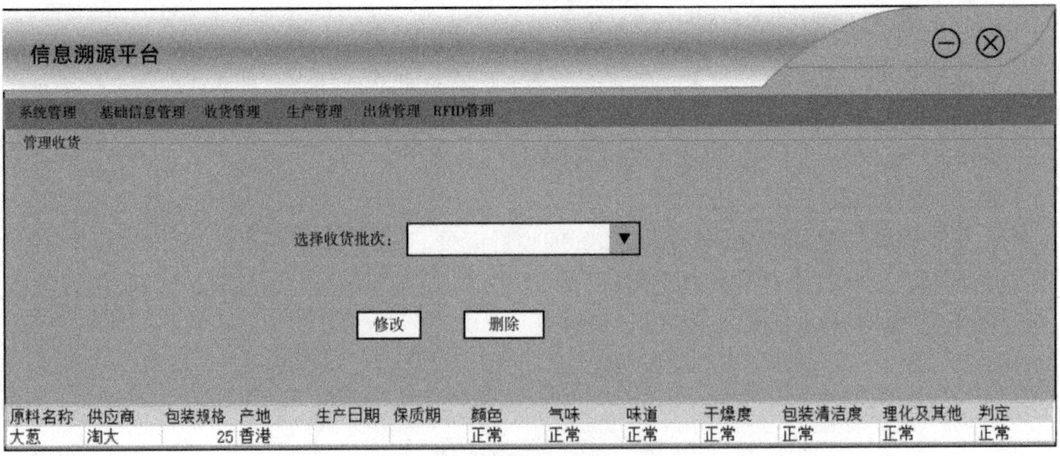

图 5-39　管理收货记录页面

收货管理模块主要由以下几类构成。

（1）GLSH.cs：管理收货批次，进行修改。

主要函数如下。

displaySHPC（　）：初始化下拉列表。

comboBoxSHPC_ SelectedIndexChanged（　）：用于下拉列表改变时触发，实时显示出货批次。

（2）SHJL.cs：主要功能是对收货批次进行记录。

主要函数如下。

init（　）：初始化各种控件。

buttonAdd_ Click（　）：当"添加"按钮触发时，将各种数据写入数据库。

Ⅳ. 生产管理模块

生产管理模块包括增加生产记录和管理生产记录功能。

增加生产记录是将产品的生产日期、生产原理与产品进行绑定，如图 5-40 所示。

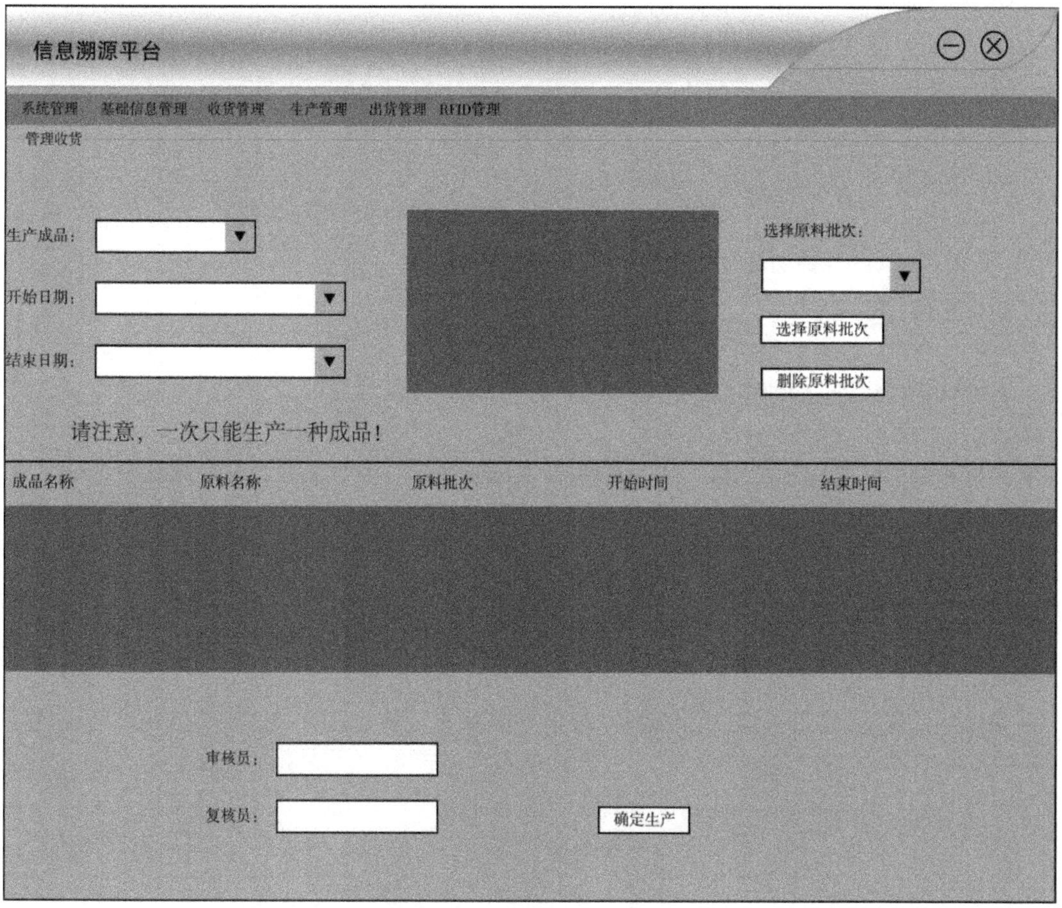

图 5-40　增加生产记录页面

管理生产记录是将生产记录进行修改或者删减，如图 5-41 所示。

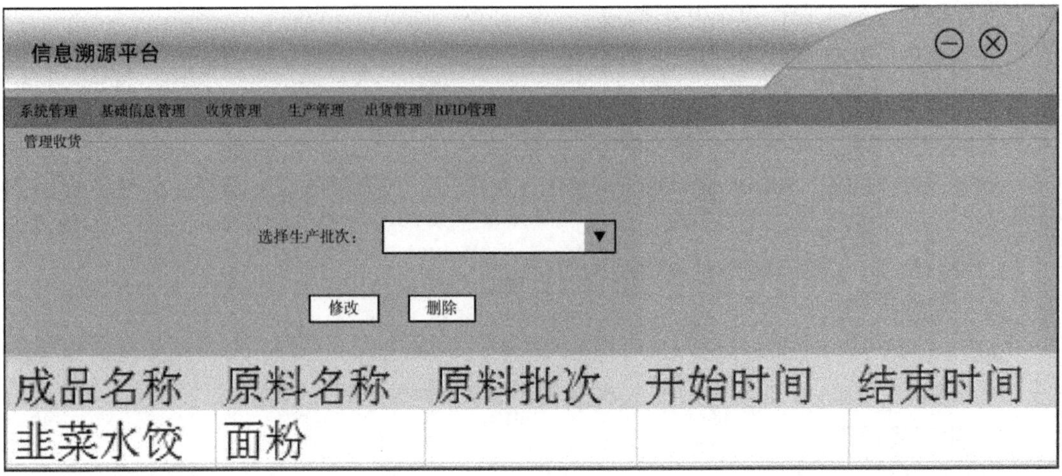

图 5-41 管理生产记录页面

生产管理模块主要由以下几类构成。

（1）CPSC.cs：主要功能是对每次生产进行记录，确定生产后会要求打印 RFID 标签。主要函数如下。

buttonboBoxYLPC_Click（ ）：用于添加生产记录。

displayCPMC（ ）：用于显示成品名称。

buttonConfirm_Click（ ）：将数据写入数据库并调用打印 RFID 界面。

（2）GLSC.cs：主要功能是管理生产批次，进行修改。

主要函数如下。

displaySCPC（ ）：初始化下拉列表。

comboBoxSCPC_SelectedIndexChanged（ ）：用于下拉列表改变时触发，实时显示出货批次。

（3）PringRFID.cs：主要功能是打印 RFID 标签，此时会将产品数据写入数据库。

主要函数如下。

buttonPrint_Click（ ）：根据传入的数量生产同样数目的 RFID 标签记录，写入数据库。

Ⅴ. 出货管理模块

出货管理模块包括添加出货记录、管理出货记录、货物与 RFID 绑定以及监装管理功能。

添加出货记录将报检号、货柜编号、铅封号等基本资料和拟出货的货物的编号、数量进行绑定，如图 5-42 所示。

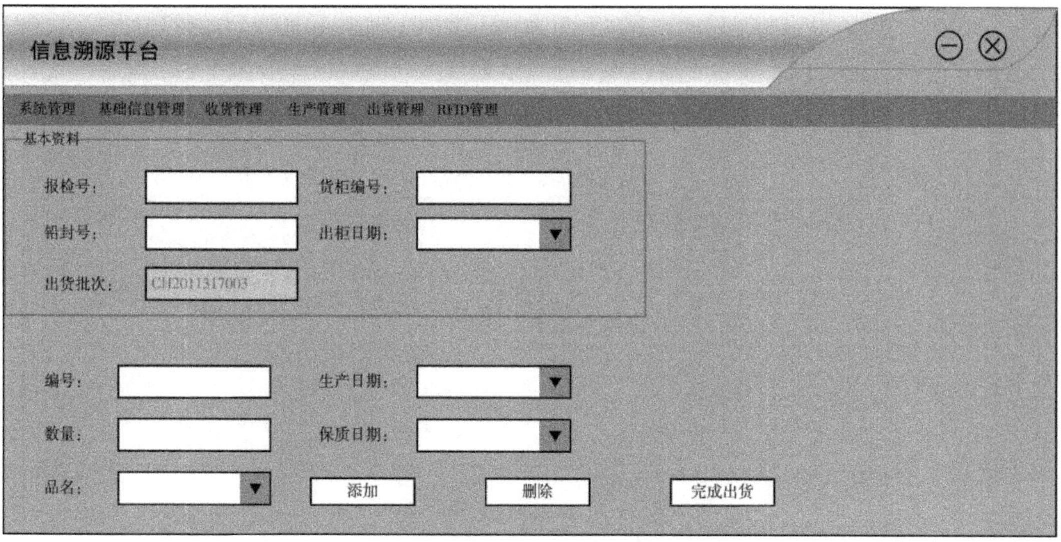

图 5-42 添加出货记录页面

管理出货记录对已有的出货记录进行修改或者删除,如图 5-43 所示。

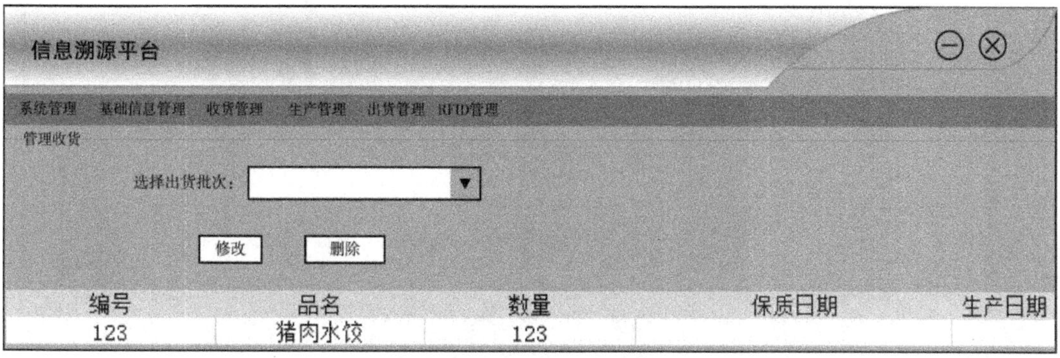

图 5-43 管理出货记录页面

货物与 RFID 绑定将货物数据库中的数据与 RFID 标签进行绑定,使得通过 RFID 标签可以迅速地查询到货物相关信息,如图 5-44 所示。

监装管理对拟出库的货物进行监装,通过部署在仓库门口的 RFID 读写器,当货物出库时,RFID 读写器取到 RFID 标签信息,同时将其记录进数据库,以便后期查询,图 5-45 给出了监装管理页面。

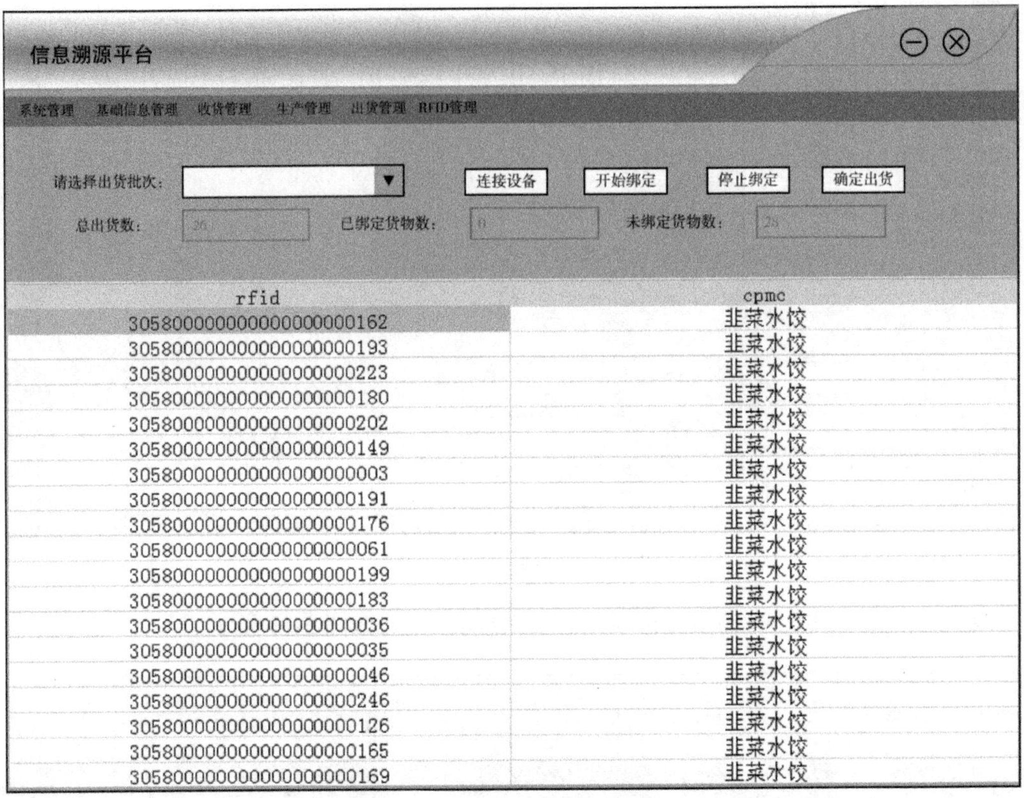

图 5-44 货物与 RFID 绑定页面

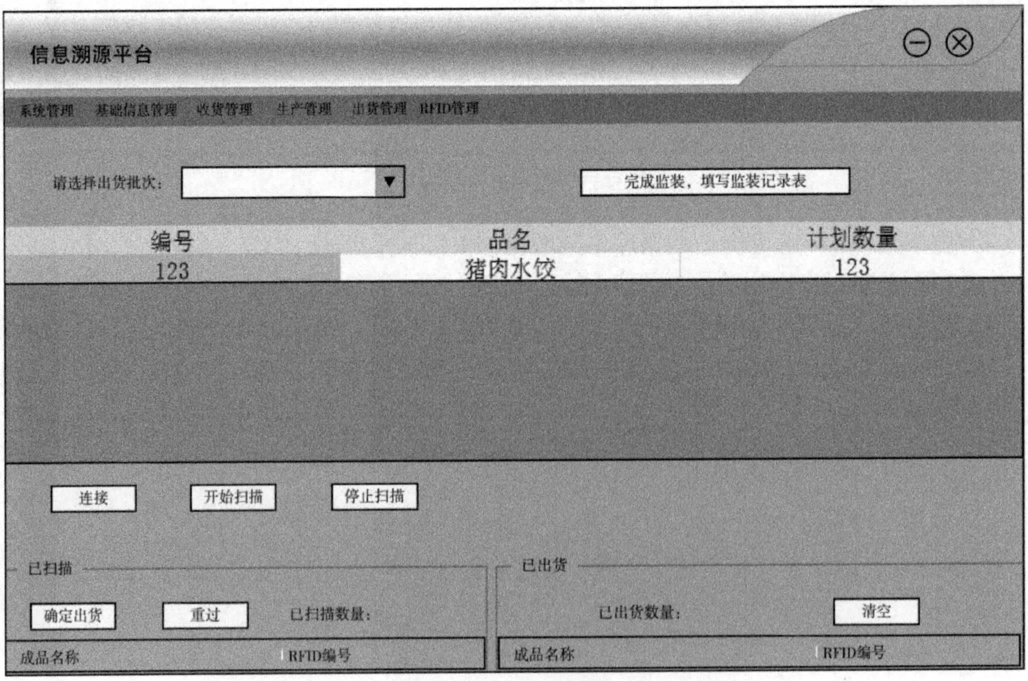

图 5-45 监装管理页面

出货管理模块主要由以下几类构成。

（1）bindingRFID.cs：主要功能是将货物与 RFID 进行绑定，同时操作数据库记录进行更新。

主要函数如下。

bindingRFID_Load（　）：初始化各种信息。

comboBoxCHPC_SelectedIndexChanged（　）：用于下列改变时触发，实时显示出货批次。

loadUserSettings（　）：加载 CSL 的 RFID 设备，读取扫描到的标签。

update_dgvTagList（　）：用于更新数据表格。

（2）CHJL.cs：对每次出货进行记录，操作数据库，进行删除，添加操作。

主要函数如下。

displayCPMC（　）：显示下拉列表内容。

buttonAdd_Click（　）：当点击"添加"按钮时触发，将记录添加进数据库。

（3）GLCH.cs：主要功能是管理出货批次，进行修改。

主要函数如下。

displayCHPC（　）：初始化下拉列表。

comboBoxCHPC_SelectedIndexChanged（　）：用于下拉列表改变时触发，实时显示出货批次。

（4）JZGL.cs：主要功能是对监装出货进行监督，可以对货物进行查缺补漏。

主要函数如下。

timer1_Tick（　）：定义定时器的使用，不断通过设备读取 RFID 标签。

loadUserSettings（　）：加载 CSL 的 RFID 设备，读取扫描到的标签。

update_dyvTagList（　）：用于更新数据表格。

（5）JZJL.cs：完成对监装记录的最后填写并写入数据库。

主要函数如下。

JZJL_Load（　）：初始化各个空间，准备好展示数据。

insertJZID（　）：更新数据库表，写入新的数据。

Ⅵ.RFID 查询模块

当用户通过 RFID 读写器访问 RFID 标签及其所绑定的后台数据时，系统将冷冻食品的溯源信息展示给用户，如图 5-46 所示。

RFID 查询模块主要由 SYCX.cs 构成。

用于查询产品的溯源信息，主要通过 RFID 进行标识。

主要函数如下。

timer1_Tick（　）：定义定时器的使用，不断通过设备读取 RFID 标签。

loadUserSettings（　）：加载 RFID 读取设备，读取扫描到的标签。

update_dgvTagList（　）：用于更新数据表格。

图 5-46 RFID 查询页面

5.4 同位素溯源技术

5.4.1 同位素溯源技术理论依据

铅有 4 种平稳不变化的同位素 208Pb、207Pb、206Pb、205Pb。因为铅同位素相对分子质量大,而不一样的同位素分子之间相对质量差小,致使产生同位素分馏的可能性极小,所以在次生作用过程中,不论所在系统的物理化学条件发生改变,它们的同位素组成一般都不会发生变化。其同位素比值主要受源区初始铅含量,U 与 Pb、Th 与 Pb、Th 与 U 的比值,即 μ(238U 与 204Pb)、v(235∪U 与 204Pb)、w(232Th 与 204Pb)、k(Th 与 U)及形成时间等因素的制约,而基本不受形成后所处地球化学环境的影响。所以,针对环境污染管理问题上,经常借助铅同位素这一独特的"指纹"特征来追踪铅污染的来源。

铅的 4 种自然的同位素中,204Pb 的半衰期为 1.4X1017 年,因为它的半衰期较长,所以一般情况下都将它看作稳定的参考同位素进行处理。而 206Pb、207Pb 和 208Pb 是 U 和 Th 的衰变产生的事物,其同位素丰度在不断变化。因为同位素比值大小可以通过利用质谱测量,所以比值大小通常可以用于标识环境污染中的物质。因为地区之间存在着地质结构、年龄、矿物质含量以及降水分布的差异,致使各个地区铅的同位素构成也不一样。所以,铅同位素组成极具区域特征。植物中所含有的金属元素大体源自土壤及地表水,植物中的铅同位素构成也同样具备了区域性的特征。

5.4.2 同位素溯源技术基本原理

同位素质谱计是用来测定质量数的精度仪器。它的操作环境是封闭的真空系统,需要利用仪器内的离子源把未检测样品转变为带电离子,而离子在高压电场力的影响下获取能量,再经过聚焦、整形成一束截面为矩形的离子束,最后定向射入一个固定的磁场内(称为磁分离器)。带电粒子在磁场中的运动属于高速运动,会使得它们的运动轨迹产生偏差。样品的质量数(M)、电荷(e)、高压(V)、磁场强度(H)以及粒子偏转运动的曲率半径(R)之间的关系如式(5-1)所示:

$$\frac{M}{e} = \frac{R^2 H^2}{2V} \tag{式 5-1}$$

由式（5-1）可知，当高压电场电压和磁场强度的值为固定值时，粒子的 M/e 发生变化，则其偏转曲率半径也随着改变。不同带电离子的电荷和其质量之比（荷质比）的同位素离子的分离需要利用磁分离器达到目的，在此过程中还需要对磁场出口的相应位置设置接收器，从而采集到不同荷质比的带电离子流，并将转变为电压信号。离子流的强度变化从事实意义上代表了这些不同荷质比离子数目的多少，从而可以轻松测量出各种同位素之间的比值。

Pb 同位素比值的质谱分析：将被测样品涂抹在金属带表面，再放置到离子源内通电加热，使之子化。Pb 同位素质谱分析采取了单带表面电离源，是并利用离子—电子倍增器来提高灵敏度。一般情况下，被分析元素在炽热金属表面上的电离可通过式 5-2 来表示：

$$\frac{h^+}{h^0} = A(T)\exp\frac{W-I}{kT} \tag{式 5-2}$$

式中，h+/h0 为离子化的原子数与中性（未离子化原子）之比，即离子化率；T 为热力学温度；W 为金属的功函数；1 为元素同位素原子的电离电位。

从式（5-2）中可以看出，当 W>I 时离子化率比较高；而当 I>W 时，离子化率低。式（5-2）的大前提是纯净的金属表面。当样本元素以一定的盐类的形式涂在金属表面上时，金属表面上时，金属表面的功函数将发生一定变化。在 I>W 的情况下，必须设法使功函数增大来提高离子化率。

在进行 Pb 同位素质谱分析时所使用的金属带是铼带，若 Pb 以氯化物形式涂抹在铼带上时，会使氯化物中的氯离子附着在铼带上，能够使铼的功函数增大，从而提高提高在 Pb 金属带表面的电离效率。

测试精度是仪器分析测试中的另一个关键问题。精度和稳定性较高的仪器测试平台是获得准确的同位素测定结果的必要条件。质谱仪器最经常使用的系统是接收样品信号的单接收系统，由于每次只能接收 1 种质量数的同位素离子束，存在着采样信号相关性差、易受电压和温度波动影响和测样周期长等缺点，本实验室采用多接收器系统，大大地缩短了测样周期，确保了沉积物 Pb 同位素仪器测定的高精度。

在铅同位素测定中，由于沉积物样品中 Pb 的含量甚微，所以样品的溶解、Pb 的分离和纯化都要求务必使每一步化学反应和物理过程进行完全。

5.4.3　同位素溯源技术特点

近几年，本着物体的铅同位素构成与发源地区的铅同位素组成特征有所联系，与重金属的迁移行为和轨迹无关这一特点，铅同位素示踪技术在判断土壤、大气、水体和人体中铅与相关重金属污染来源，区分汽车尾气铅污染和工业铅污染等方面已起到独特的作用，并取得了广泛的应用（Kerson M，1997；Munksgaard N C1998；Monna F，1999）。尤其是在探究 Pb 以及亲硫元素（Hg, Ag, TI, Sb, Zn 及 Cu 等）的重金属的污染来源内容，已成为一种强有力的手段。

因此，依据各种污染来源物质的铅同位素构成以及铅同位素的区域特征，铅同位素技术能够跟踪铅的来源和去向,识别并推测各种污染源以及计算其污染程度的贡献率,同时还可进行产地溯源,达到产品保真与防伪目的。

5.4.4　同位素指纹图谱

在自然界,同一个元素具有多种核素,它们的化学性质几乎相同,核素的质子数相同,但中子数(或质量数)不同。这些具有相同质子数、不同中子数的核素相互称作同位素。如碳元素有 ^{11}C、^{12}C、^{13}C、^{14}C 和 ^{15}C 五种同位素,质子数均为 6,则中子数为 5、6、7、8 和 9。按照是否具有放射性,可将同位素划分为放射性同位素和非放射性同位素。如 ^{11}C、^{14}C 和 ^{15}C 为放射性同位素,^{12}C 和 ^{13}C 为非放射性同位素。放射性同位素在食品科学方面已经投入了大批的研究应用,而非放射性同位素(也称稳定性同位素)近年来在农业与食品科学中才被广泛应用。

稳定性同位素的研究在生物学领域的发展十分迅速。在环境科学范围内,稳定性同位素的非放射性以及无损整合的特性,已经在研究植物与其生物和非生物环境相互作用中得到了应用。自 1980 年之后,稳定性同位素技术在植物生态学范围内的研究已得到普遍的应用,也已成为研究植物环境相互关系的强有力工具,可以解决许多其他方法难以解决的问题,成为生态学和环境科学领域最有效的研究手段之一。针对植物生理生态学领域,稳定同位素(^{2}H、^{13}C、^{15}N 和 ^{18}O)可对生源元素的吸取容纳、水分来源、水分平衡和利用效率等进行测定,从而研究植物的光合作用路径;在面对生态系统生态学领域,通过利用稳定同位素技术能够进行生态系统的气体交换、生态系统功能及对全球变化的响应等方面的研究;动物生态学领域,稳定同位素技术可以用来判别动物的食物来源、食物链、食物网和群落结构以及动物的迁移活动等内容。

近些年,食品溯源体系的建立已经与稳定同位素的应用进行了深度的融合。其中建立体系的大前提是自然界中同位素的分馏作用。同位素分馏是指在自然界中因为受到物理、化学以及生物的影响而致使某一元素的同位素在两种物质或两种物相间分配上出现差异的现象。其中引发同位素分馏的主要机制有以下两种。第一种是同位素交换反应,是指不同化合物之间、不同物相之间或单个分子之间的同位素分配发生变化的反应,这反应是可逆反应;并且该反应前后的分子数、化学组分不会发生改变,只有同位素浓度发生了变化,因为分子在此期间重新进行的分配。第二种是同位素动力学效应,原理是科学反应过程中由于同位素质量不同从而引发的反应速率的差异,也称为不可逆反应,其结果总会致使轻同位素在反应产物中集聚。同位素比值(R)是指某一元素的重、轻同位素丰度的比值,比如 D/H、$^{13}C/^{12}C$、$^{15}N/^{14}N$、$^{18}O/^{16}O$、$^{34}S/^{32}S$ 等。因为在客观物质世界中轻同位素的相对含量较多,与之相比的重同位素相对含量较少,则 R 值就会很小,并且计算过程中较为复杂不便于比较,所以样品的同位素比值常常会利用样品的 δ 值来表示。样品(sq)的同位素 R_{sq} 与标准物质(st)的同位素比值 R_{sq} 相比,所得出的结果称为样品的 δ 值,其定义如下:

$$\delta(‰) = (R_{sq} / R_{st} - 1) \times 1000$$

从定义中可以得出,两个比值之间的关系是前者与后者有着千分之差。

上述所提到的 st 的同位素必须包括以下条件:组成平均一致、活泼性较低;数量较多、可长期使用;化学制备和同位素测量的手续简便;大概为天然同位素比值变化范围的中值,更方便于大部分样品的测定,并且可以作为世界范围的零点。

稳定同位素技术在植源性食品溯源中应用的真理的根据是依据植物种类不同,对环境中的稳定同位素吸收存在差异,以及不同纬度、不同气候区、不同地理条件(内路与沿海)氢、氧、碳、氮、硫同位素相对含量也同样存在着差异。植物中氢氧稳定同位素比值的大小主要受降雨以及灌溉水的作用,降水受同位素大气分馏的影响;植物中碳稳定同位素比值的大小受植物种类、气候条件和农艺措施的影响;植物中氮稳定同位素比值的大小受植物种类、土壤条件和肥料种类的作用。而动物源性食品同位素比值的大小主要受饲料和饮用水的影响较大。不同产地的动物源饲料和饮用水等同位素构成存在显著差异,这就为动物源性食品产地溯源提供了可能。

1. 氢稳定同位素

氢,相对原子质量为 1.007 825 032 07,自然界中其同位素分别是氕、氘和氚(^1H、^2H、^3H)。氕原子核只有 1 个质子,丰度达 99.98%,是构造最简单的原子,在自然界中非常稳定,其半衰期大于 2.8 X 10^{23} 年;氘为氢的一种活泼性不高的形状姿态同位素,相对原子质量为 2.014 101 777 8,也可叫作重氢,它的原子核由 1 个质子和 1 个中子组成,氚,也可叫作超重氢,相对原子质量为 3.016 049 277 7,它的原子核由 1 个质子和 2 个中子组成,并携带放射性,会发生 β 衰变,形成质量数为 3 的氦,其半衰期为 12.32 年,在自然界中其存储量极少,从核反应制得。表 5-11 为氢同位素的物理特性。氢同位素分析结果一般是利用标准平均大洋水(Standard Mean Ocean Water,即 SMOW)作为标准报导, D/H_{SMOW}=(155.76 ± 0.10)× 10-6。图 5-47 所示为天然质氕同位素含量图(Holden,2004)。

表 5-11　氢同位素的物理特性

符号	质子数	中子数	相对原子质量	半衰期	原子核自旋	同位素丰度	同位素丰度的变化量
	1	0	1.007 825 032 07	稳定 [>2.8X 1023 年]	1/2+	0.999 885	0.999 816-0.999 974
2H	1	1	2.014 101 777 8	稳定	.1+.	0.000 115	0.000 026-0.000 184-
3H	1	2	3.016 049 277 7	12.32　年	1/2+		

水在蒸发和冷凝过程中会因为组成水分子在氢同位素的科学性质不同,从而引发不同水体中同位素组成的变化。在水循环系统中不一致的水体,可能会由于其成因有所不同,从而具有了其独特的同位素因成因不同而具有自己特征同位素,即聚集不同的重同位素氢(^2H),就形成不同环境中水体同位素的"痕迹"。在降水过程中,水会利用凝聚分馏的原理将大气中的水分蒸发,使得在内陆及高纬度区的雨、雪集中了最轻的水,反之则就出现最重的降水。因此,内陆蒸发盆地水会由于超过正常分馏量,从而使得降水量增加。

氢同位素在食品溯源领域中应用的较早,特别是在植物源性食品的产地溯源这一部分。这几年,氢同位素应用于动物源性食品的产地溯源研究较为广泛。郭波莉等(2005)人经过检测后确定了我国不同区域来源脱脂牛肉中氢同位素比率,评价稳定性氢同位素用于牛肉产地溯源的可行性。结果表明,不同地域来源的牛肉组织中 δD 值的差异显著,其与当地饮水中氢同位素组成密切相关,而且有随着地理纬度增加而减小的趋势。由此说明稳定性氢同位素是一项极有潜能的,可以用来衡量牛肉产地溯源的指标。孙淑敏等(2011)人经过检测后确定了来自内蒙古自治区锡林郭勒盟、阿拉善盟和呼伦贝尔市 3 个牧区,重庆市和山东省荷泽市 2 个农区脱脂羊肉中的 δD 值,探讨稳定性氢同位素组成的地域特征及其变化规律;结合 C、N 同位素指标,采用聚类分析及判别分析,进一步了解氢同位素在羊肉产地来源判别中的作用。结果表明,不同区域出处羊肉中的 δD 值有着极为明显的不同,其 δD 值主要与当地饮水中的 δ3D 值高度相关。经过分析后可以说明 δD 值可以使得 $\delta^{13}C$、$\delta^{15}N$ 指标对羊肉产地的准确区别的概率由 80.8%提升到 88.9%。由于稳定性氢同位素可以给出准确的区域信息,因此它可以当作追溯和鉴定羊肉产地来源的一项有效指标。

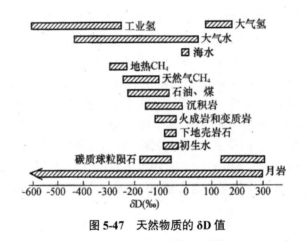

图 5-47　天然物质的 δD 值

2. 氧稳定同位素

氧在自然界中有 3 个稳定同位素 ^{16}O、^{17}O 和 ^{18}O,它们的丰度分别为 99.762%、0.038%和 0.200%。^{16}O 相对原子质量为 15.994 914 619 56,原子核由 8 个质子和 8 个中组成,^{17}O 相对原子质量为 16.999 131 70,原子核由 8 个质子和 9 个中子组成,^{18}O 相对原子质量为 17.999 161 0,原子核由 8 个质子和 10 个中子组成。

大气水的 $\delta^{18}O$ 变化范围最大,为+10‰~-55‰。极地的雪的 $\delta^{18}O$ 最低,大气二氧化碳的 $\delta^{18}O$ 最高,可达+41‰。含氧矿物在客观物质世界中分开散布得较为普遍。重要的造岩矿物的 $\delta^{18}O$ 变化有着显著的逻辑性,与岩浆结晶分异的逻辑顺序相同,即从孤立岛状四面体的橄榄石到链状辉石、层状云母和架状的长石、石英,$\delta^{18}O$ 按序增加,其中的缘由与矿物的晶体化学性质有着莫大的关联。按照同位素分馏原理,硅酸盐矿物中阳离子与氧的结合键越短,键力就会越强,从而振动次数就会越多,最终使得 ^{18}O 含量就会越充裕。石英中 Si-O 键在硅酸盐结构中属于最强的一个;另外,这也与温度有所关联,由于超基性、基性原始岩浆一直保持在较高的温度状态,会使得分馏效应减弱,进而伴随着岩浆温度的下降,同位素分馏作用变强,岩浆中 $\delta^{18}O$ 含量也会相对增加。所以,从超基性岩到酸性岩 $\delta^{18}O$ 显著增加,其变化范围为 5‰~13‰对于非正常火成岩,则必须将岩浆或固结岩石与周围物质间作用考虑在内。沉积岩的 $\delta^{18}O$ 变化范围大,为 10‰ ~36‰。其中砂岩的 $\delta^{18}O$ 最低,为 10‰ ~16‰;页岩第二,为 14‰ ~19‰;石灰岩最高,为 22‰ ~36‰。变质岩的 $\delta^{18}O$ 一般情况下会在火成岩和沉积岩两者中间,为 6‰ ~25‰。变质岩的氧同位素组成可提供与原岩性质、变质温度、变质流体的来源和同位素交换程度等方面相关的信息。图 5-48 是天然含氧物质的 $\delta^{18}O$ 值。

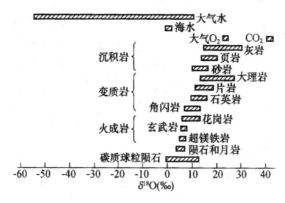

图 5-48　天然含氧物质的 $\delta^{18}O$ 值

氧同位素的应用范围是由其具有的稳定性质来决定的,跟随着其应用领域越来越广阔,相对应的示踪剂的品种也会越来越多,当前国外 ^{18}O 的标记化合物品种可以达到上百种。然而在国内,氧同位素的分离手段还存在单一的问题,它局限在了水精馏,且其产品也只以重氧30）水为核心,产量不佳,且品种形式也不多,极大地限制了氧同位素的应用和发展。

3. 碳稳定同位素

碳在客观世界中有 2 个稳定同位素 ^{12}C 和 ^{13}C,它们的相对含量为98.89%和1.11%。^{12}C 相对原子质量为 12,原子核由 6 个质子和 6 个中子构成,C 相对原子质量为13.003 354 837 8,原子核由 6 个质子和 7 个中子构成。碳同位素:标准物质为美国南卡罗来纳州白垩纪皮狄组层位中的拟箭石化石（Peedee Belemnite, 即 PDB）,其 $^{13}C/^{12}C=$（11 237.2 ± 90）× 10^{-6}。碳稳定同位素的物理特性及自然界 ^{13}C 中的分布见表 5-12 和图 5-49。

表 5-12　碳稳定同位素的物理特性

符号	质子数	中子数	相对原子质量	原子核自旋	同位素丰度	同位素丰度的变化量
12 C	6	6	12	0+	0.989 3	0.988 53-0.990 37
13 C	6	7	13.003 354 837 8	1/2-	0.010 7	0.009 63-0.011 47

近几年,因为人类的活动已经严重影响到了自然环境,如 CO_2 等温室气体的排放,全球气候发生了明显变化,特别是对碳循环造成的较为严重的影响,所以各国的研究者对稳定碳同位素分析投入了更多的关注。由于自然和人类活动所引发的火事件,可以致使生态系统的碳循环以及分布格局发生不小的变化,从而影响到区域碳生物地球化学循环。通过稳定同位素方法可以让我们有效追踪到由火事件所引发的碳转化的生物地球化学的全过程。

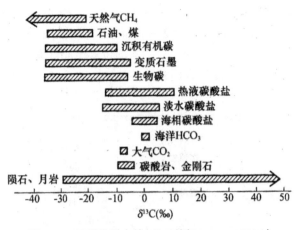

图 5-49　天然物质中的 $\delta^{13}C$ 值（Norman, 2004）

4. 氮稳定同位素

氮中具有 ^{14}N 和 ^{15}N 两种稳定性较高的同位素。^{14}N 相对原子质量为 14.003 074 004 8，原子核由 7 个质子和 7 个中子构成。^{15}N 相对原子质量为 15.000 108 898 2，原子核由 7 个质子和 8 个中子构成。氮同位素：将空气中氮气视作标准。一般情况下，$^{15}N/^{14}N=$（3.676.5 ± 8.1）× 10^{-6}。表 5-13 是氮稳定同位素的物理特性。

表 5-13　氮稳定同位素的物理特性

符号	质子数	中子数	相对原子质量	半衰期	原子核自旋	同位素丰度	同位素丰度的变化量
14 N	7	7	14.003 074 004 8	稳定	1+	0.996 36	0.995 79-0.996 54
15 N	7	8	15.000 108 898 2	稳定	1/2-	0.003 64	0.003 46-0.004 21

在生物固氮、微生物吸收同化、有机氮素矿化、硝化和反硝化的反应中，因为微生物的驱动会引发同位素分馏效应。生物固氮、土壤有机氮矿化过程中分馏效应较小，而吸收同化、硝化和反硝化过程中同位素分馏较大，可以借助各个阶段的不同的分馏特征来追踪含氮物质的出处、变化和移动等活动。通过氮稳定同位素比的氮循环解构之前经常作为 N_2 气体测定的氮同位素比换为大气浓度更低 N_2O 的测定后，需要的样本量降至之前的 1/1 000。在实际应用中，利用反硝化细菌或叠氮化氢可以将氮化合物 100%变换成 N_2O，然后测定氮稳定同位素比。

自然和人类活动所引发的火事件可致使生态系统的碳、氮循环以及它们的分布格局发生变化，从而紧接着对区域碳、氮生物地球化学循环产生影响。稳定同位素方法有助于我们追踪火事件所产生的碳、氮转化过程。为清楚认识到植物在燃烧前和燃烧后的植物、植物灰烬和气态发散一些氮之间以及不同植物类型（C_3 和 C_4，草本和木本）之间的氮素变化程度，可以借助室内模拟燃烧实验来了解植物和燃烧后残余部分的氮同位素构成和氮含量改变，研究结果显示：不同植物之间的氮同位素构成的转变会受到植物种类和生长环境的影响，比较 C_3 和 C_4 植物不同光合类型之间的氮同位素构成显示，植物燃烧前后的氮同位素变化与植物的光合类型没有关联。燃烧会致使植物中大于90%的氮素消失。不同种类的植物氮同位素在-4.0‰~+5.2‰之间进行变化,燃烧导致植物灰烬的氮同位素值在0‰~1.6‰之间波动,其同位素分馏效应的产生大部分原因是在燃烧过程中植物体中 ^{14}N 较 ^{15}N 最先会以气态形式发散。所以,在借助氮同位素进行的古环境研究、环境模拟过时,需要将火烧对植物氮同位素值的影响考虑在内。植物、植物灰烬和气态部分氮同位素这三者之间有着密切的关联性,同时这种关联的性质诱导我们可以通过借助生态系统不同部分的氮同位素构成来研究植物、土壤、大气之间的氮素循环规律。

5. 硫稳定同位素

硫在自然界中有4种稳定同位素,分别是 ^{32}S、^{33}S、^{34}S、^{36}S,它们的丰度分别为95.02%,0.75%,4.21%,0.02%。^{32}S 相对原子质量为31.972 071 00,原子核由16个质子和16个中子组成。33S相对原子质量为32.971 458 76,原子核由16个质子和17个中子组成 FS 相对原子质量为33.967 866 90,原子核由16个质子和18个中子组成。硫同位素:标准物质选用 Canyon Diablo 铁陨石中的陨硫铁,硫同位素的物理特性见表5-14(Norman,2004)。

表 5-14 硫同位素的物理

符号	质子数	中子数	相对原子质量	半衰期	原子核自旋	同位素丰度	同位素丰度的变化量
32 S	16	16	31.972 071 00	稳定	0+	0.949 9	0.944 54-0.952 81
33 S	16	17	32.971 458 76	稳定	3/2+	0.007 5	0.007 30-0.007 93
34 S	16	18	33.967 866 90	稳定	0+	0.042 5	0.039 76-0.047 34
35 S	16	19	34.969 032 16	87.51 d	3/2+		
36 S	16	20	35.967 080 76	稳定	0+	0.000 1	0.000 13-0.000 19

地球化学不同于平常形成原因的研究是用于评价成矿前景、矿化类型的指标。部分研究者利用稳定同位素示踪成矿物质来源的原理和方法,将硫同位素加入地球化学不同于平常形成原因的研究中,经过对乌奴格吐山和垦山试验区 Cu 矿化体、Cu 异常地段硫同位素构成特征的研究后,发现在乌奴格吐山试验区 Cu 矿化及 Cu 异常地段硫的出处是一样的,这足以显示出应用硫同位素构成特征来断定地球化学不同于平常形成原因的研究是可以行得通的;通过比较可以发现,垦山试验区 Cu 异常地段硫同位素值与乌奴格吐山试验区的值相比偏高,由此可以断定该 Cu 异常是因为后期热液的影响而形成,所以推出该异常的地质找矿及工作部署都应该以热液矿床为中心展开(林光辉,1995)。

在客观世界中 $\delta^{34}S$ 值在-40‰~+40‰之间,但其波动较大(Thode,1991)。一般情况下,稳定性同位素之间是不会有较为显著的化学性质差异,但其物理化学性质(如在气相中的传导率、分子键能、生化合成和分解速率等)由于质量不同会产生较小的差异,致使物质反应前后在同位素构成上存在较为显著的差别(席明杰,1991)。

6. 锶和铷稳定同位素

1)铷同位素

天然铷由两种同位素构成,即具有稳定性质的 85Rb 和具备放射性质的 87Rb,87Rb 占总量的 27.85%。铷有多种人工生产的放射性同位素,质量数在 85 以下的放射性同位素大部分呈 β+辐射衰变;质量数大于 85 的同位素则大部分呈 β－辐射衰变。其中大部分同位素的半衰期都较短。

铷的同位素物理特性列于表 5-15 中。

表 5-15　铷同位素的物理特性

符号	质子数	中子数	相对原子质量	半衰期	原子核自旋	同位素丰度	同位素丰度的变化量
85　Rb	37	48	84.911 789 738	稳定	5/2-	0.721 7	
87　Rb	37	49	85.911 167 42	1&642 d	2-	0.278 5	

2）锶同位素

在客观世界中锶的同位素表现方式有四种,即相对含量为 0.56%、9.86%、7.02%、82.56%。锶同位素的物理特性见表 5-16。其中 87Sr 由 87Rb 衰变而生成,跟随着时间的变化 87Sr 会呈单方向增长的形式。

表 5-16　锶同位素的物理特征

符号	质子数	中子数	相对原子质量	半衰期	原子核自旋	同位素丰度	同位素丰度的变化量
84　Sr	38	46	83.913 425	稳定	0+	0.005 6	0.005 5-0.005 8
85　Sr	38	47	84.912 933	64.853　d	9/2+		
86　Sr	38	48	85.909 260 2	稳定	0+	0.098 6	0.097 5-0.099 9
87　Sr	38	49	86.908 877 1	稳定	9/2+	0.070 0	0.069 4-0.071 4
88　Sr	38	50	87.905 612 1	稳定	0+	0.825 8	0.822 9-0.827 5
89　Sr	38	51	88.907 450 7	50.57　d	5/2+		

5.4.5　同位素溯源技术在食品溯源领域的应用

当下,同位素溯源技术在食品安全这一行业中大部分是在判定食品成分掺假、食品污染物出处、追踪产品原产地以及判断动物饲料来源等方面。

1. 鉴别食品成分掺假

同位素溯源技术用于判定食品成分掺假方面的案例较多,并且大部分是在判定果汁加水、加糖分析,葡萄酒中添入劣质酒、甜菜糖、蔗糖等的分析以及蜂蜜加糖分析等内容。另外,该技术还可以进行不同植物混合油、高价值食用醋中添加价格低廉的醋酸等掺假分析。以上的掺假事件虽然对消费者本身不产生影响,但是会给生产商和供应商起到错误引导的负面作用,并且最终使得他们站在了诚实的对立面。果汁中的掺假主要涉及添加水、糖或有机酸等物质。可以通过检测果汁中糖、果肉、有机酸的 $\delta^{13}c$ 值,果汁水中的 $\delta^{18}0$ 值和 D/H 的比值,以及发酵果汁乙醇中 D/H 的比值来判定是否有掺假的性质。真正的纯果汁与加入水来稀释后的果汁水中 $\delta^{18}O$ 值和 ^2H 的含量都要高,其中的原因是水中的重氧和重氢含量都较少。一般情况下,为了达到高度精确检测的目标,会采用内标同位素分析法进行检测判定。内标法的原理是源自同一食品不同成分的同位素构成呈相对稳定状态,假如果汁中的糖、果肉和有机酸中的 $^{13}c/^{12}c$ 的比值有各自单独规定值的范围,则这些成分的 $^{13}c/^{12}c$ 比值也就处于不变状态。在浑浊果汁如橙汁、菠萝汁等分解辨析中,果肉经常视为较便捷的内标物。在对果汁是否加糖的检测中,可将果汁中果肉和糖的 $\delta^{13}C$ 值同一时间检测出来,再对比其差值与真正果汁中这二者的差值范围。若是在真正果汁差值范围之内或十分相近,可看作未掺假;反之,可判定当中加入了其他糖类。依据偏离趋向原理,还可判定其中是添加了 C_3 植物糖(如甜菜糖等)或是 C_4 植物糖(如玉米高果糖浆等)。但针对澄清果汁如苹果汁来说,以其中的有机物作为内标物。EneJancin 等人在研究用 $\delta^{13}C$ 值判定苹果汁中加糖问题时,是以从所研究的苹果汁中分离出的纯苹果酸视作内标物。

针对蜂蜜掺假案例,在案例中经常会添加 C_3 与 C_4 植物糖来实现掺假的目的,其中的植物糖大部分是玉米高果糖浆。以往的检测方法是利用 HPLC 来实现。但该种方法在加添加量较少或利用了高级掺假手段时,则会检测不出问题,例如添加与蜂蜜中碳水化合物性质相近的人工合成的一些糖,同时控制好一定的添加量。借助内标同位素分析法,这种方法是将蛋白质视为内标物,通过比较蜂蜜中蛋白质和糖的 $\delta^{13}c$ 值,便可以灵敏、快速、精确地判断蜂蜜掺假的相关情况。

葡萄酒掺假的大多数手段是将不同地区来源的酒进行混合,如德国的红葡萄酒中添加价格低廉的葡萄酒或向酒中添加甜菜糖和蔗糖。葡萄酒的检测指标是以酒中乙醇的 $\delta^{13}C$ 值和 D/H 比率以及水中的 δ^{18} 值为核心展开掺假的判定。另外,也可以通过以下指标达到检测的目标,例如酒中氨基酸的 $\delta^{15}N$ 值、全酒中的 $\delta^{87}Sr$ 值。

在检测油脂掺假时,经常利用 $\delta^{13}c$ 值作为判断依据。它指标可以用来检测 C_3、C_4 植物混合油,如葵花籽油中添加玉米胚芽油。此外,也可用它来区分不同出处的 C_3 植物混合油,如橄榄油中添加菜油。Simon E.Woodbury 等人通过对定位脂肪水解酶的研究来比较甘油骨架不同位置脂肪酸的 $\delta^{13}C$ 值,研究表明 2 位上的脂肪酸有着独特的 $\delta^{13}c$ 值。

另外, $\delta^{13}c$ 值也可用于判定醋酸的掺假,如判别苹果醋中添加用甜菜糖、土豆或淀粉发酵制的醋酸。

2. 鉴别食品污染物来源

产地环境污染会对农产品的质量与安全产生影响。产地环境污染大部分是大气污染、水体污染和土壤污染。大气污染包含了氟化物、重金属、酸雨、沥青等的污染;水体污染主要是无机有毒物如各类重金属、氰化物、氟化物等和有机有毒物如苯酚、多环芳烃、多氯联苯等的污染以及各种病原体的污染;土壤污染主要是施肥、施药与污灌三大途径的污染。不同出处的上述污染物会对农产品造成综合性污染。在食品安全管理实践过程中,若是能够判定污染源的类型和不同污染源的贡献率,便可进行有效控制污染源,从而切断污染途径,进而大幅度地降低农产品的污染程度。

借助不同出处的物质中同位素相对含量有着差异性的原理,可以检测出环境与食品中污染物的出处。王琬等人通过检测大气颗粒物中 $^{206}Pb/^{207}Pb$ 比值,并将比值与源排放样品中 Pb 同位素数据比较,从而确定了大气颗粒中 Pb 的污染源及其贡献。大气中铅的污染源大部分是燃煤飞灰、工业排放和加铅汽油,上述三种污染源中铅的同位素相对含量范围值分别为 1.06~1.08、1.14~1.22 和 1.14~1.18。大气颗粒物中 $^{206}Pb/^{207}Pb$ 比值越靠近某种污染源的同位素范围,则就可以判定它是就是污染源。另外,还可以通过统计学的方法计算各种污染源的贡献率来确定污染源。C.Marisa 和 R.-Almeida 都认为可以通过检测葡萄酒中 Pb 的同位素比率可确定其中铅的污染源是源自自然污染还是土壤污染,土壤污染一般是由人类活动而引起的,其中缘由与大气沉降物、杀虫剂的施用、运输、储藏过程等着密切的关联。除了以上的方法以外,还可以利用 $\delta^{13}C$ 值可确定环境和食品中多环芳烃(PAHs)和多氯联苯(PCBs)的出处,PAHs 的产生是通过不完全燃烧含碳燃料及有机物而实现,任何一种燃烧源会产生一系列 PAHs 单体化合物,这些单体化合物的浓度及其 $\delta^{13}C$ 可以构成具有独特性的图谱,可通过该图谱来判别燃烧源。在实际判断环境或食品中的污染源过程中,可通过以下操作来确定污染源:首先,去除其中的 PAHs;其次,解构 PAHs,并检测每种单体化合物的浓度及其 $\delta^{13}C$ 值;最后与不同燃烧源的标准图谱进行对比。

3. 追溯产品原产地与动物饲料来源

不同区域的食品受到产地环境、气候、地形、饲料种类及动植物代谢类型的影响,其组织内同位素的自然相对含量存在差异,借助该差异可确定产品的原产地。国外在对葡萄酒、奶酪的区域来源方面的研究投入了较多的精力。近几年,因为疯牛病这一因素,使得追溯肉制品产地来源方面的研究日渐增加。

1)同位素溯源技术判断植物源产品的产地来源

植物组织中的同位素构成与其生长的地理环境与气候环境有着紧密的联系,其中的影响因素包括了受地形的高度、纬度、大气压力、温度、湿度、降雨量等。当下,通过测定同位素相对含量的方法判定产地来源的植物源产品重点包括了果汁、饮料、酒、海洛因、尼古丁、丹参等。

国外经常用于判定葡萄酒区域来源的元素有 C、H、O、Pb 和 Sr 等。其中 C、H、O 等轻元素的同位素数据信息受到季节、气候的作用较大,借助它们来建立的数据库稳定性不强,而且每年需要重复测定,再建立新的数据库,最少也要对气候等因素对这些参数的影响要进行可能性的预判,而 Sr 的同位素构成受到季节和气候的影响很小,建立的数据库较为稳定。C.Marisa 等研究还表明,葡萄酒中的 $^{87}Sr/^{86}Sr$ 比值与土壤中的差别不大。所以,他们都认为,Sr 是判定葡萄酒区域来源理想的同位素。在酒的同位素分析中,现倾向于快速、全自动、多元素分析方法,来提高同位素分析的可用性。

2)同位素溯源技术判断动物源产品的产地来源及其饲料来源

针对葡萄酒等植物源性食品来说,对奶制品、肉制品等动物源性食品的产地来源判定就较为复杂,由于动物产品中同位素构成不仅受它们所食用的植物饲料中的同位素构成的影响,还受动物代谢过程中同位素分馏的影响,并且动物一般食用不同地区来源的饲料,或者一生中在不同地方饲养。动物产品中有着较高的蛋白质和脂类成分,其中包含了丰富的 N 和 S 元素;植物主要集中在碳水化合物、脂肪和纤维素,它们的同位素含量为动物产品的同位素构成提供了组成框架。研究显示,乳、肉中水的 $^{18}O/^{16}O$、$^{2}H/^{1}H$ 比值可以反映出环境条件较好,该指标经常被用来判定区域来源;$^{13}C/^{12}C$ 比值与植物的光合代谢路径有关,一般来确定动物的饲料成分出处,例如 C_3 植物与 C_4 植物(玉米)的占比。但其与食品不同的是由于受到组织代谢分馏和加工工艺的影响,其同位素构成的转化规律存在着的差异较大。当下在研究测定中选择的食品的成分与元素种类都有所不一样。

5.4.6　基于同位素指纹溯源技术在牛肉产地的应用

我国养牛业的追溯管理体系还不够完善,大部分养殖场的牛不具备牛耳标签、动物身份证、动物护照等基本的追溯信息,在牛肉生产过程中没有构建统一标识系统,导致无法追溯活牛和牛肉出处,存在着较为严重的安全隐患,并且在国际贸易中会受到很大限制。

国际上研究表明不同区域的牛肉中同位素构成有明显差异(Schmidt et al, 2005),针对该方面,我国对此的相关报道较少,且对于不同区域来源的样品,借助同位素对其产地的判定效果有些不一致。例如,对我国东北、中原、西北、西南四大肉牛产区布点采样,借助同位素比率质谱仪(IRMS)、等离子体质谱仪(ICP-MS)检测了脱脂牛肉、粗脂肪、牛尾毛中碳、氮、氢、铅同位素比率,再比较不同肉牛产区牛组织中同位素构成存在的差别,并分析各组织中同位素构成存在的关系,此时需要借助判别分析,比较各指标对牛肉产地来源的判定情况。在此基础上,开始构建借助同位素指标进行牛肉产地溯源的判定模型。此项研究目的在于探析同位素指纹技术对我国四大肉牛生产地区溯源的可行性,清楚各项同位素指标对牛肉产地的判定结果,从而在实际应用中对同位素指纹溯源技术展开更深层次的探讨。

1. 我国牛肉产地溯源分析取样及测定

本书选用的牛肉样本的产地是吉林、贵州、宁夏和河北,共采集了 59 头牛的牛肉样品。牛肉产地的基本信息及采样点的设计见表 5-17。

表 5-17　牛肉样品来源地及喂养方式

采样地区	经度	纬度	海拔高度/m	喂养牛主饲料	取样时间
吉林省榆树市	126° 08'	44° 47'	407	谷物(玉米)	2005.6
宁夏同心县	106° 29'	37° 33'	1 344	谷物(小麦、玉米)	2005.10
贵州省安顺市	105° 41'	26° 23'	1 236	牧草(C3、C4)	2005.11
河北省张北县	114° 43'	41° 08'	1 408	牧草(C3)	2005.11

(1)取样方法:提取屠宰后牛的后臀部肉 500 g,并密封在袋子中,再将肉放置在-20 ℃冰箱中来冷冻保藏。

(2)样品前处理:先需要利用绞肉机将牛肉样品挤压为碎裂状,放置在 70 ℃恒温环境中干燥 48 h,再借助粉碎机粉碎已处理好的牛肉,然后将其放已添加石油醚的烧杯中做浸提脱脂处理。研磨已脱脂的牛肉粉,在经过了 200 目筛后才可以作为备用牛肉;同时,将用于浸泡处理液体中的石油醚做回收处理,从而获得粗脂肪样品以作备用。

(3)氢同位素比率检测:将 lmg 的样品放置在 $\varphi 8 \text{ mm} \times 5 \text{ mm}$ 的银杯中,并将其折叠成小球状,再放置在有 96 孔的盘中,盖子只需要随意放在上面。在检测前,样品和角蛋白标准品均已放置在实验室的平衡架上,此时需要保持室温并控制在 96 h 以上。样品在 1275 ℃的高温下会分解成 H_2、N_2 和 CO 气体,再经过 100 ℃的纯化柱,借助孔径为 5Å 分子除去 N_2 和 CO 气体,于是只取得了 H_2,将其放于连续流动的同位素比率质谱仪中进行检测。载气

He 的流量为 100 mL/min,样品在载气作用下的流量为 50 mL/min。氢同位素比率用 δD (‰)表示,δD 的相对标准为 V-SMOW。计算见下式。

$$\delta D(‰) = (R_{sp} / R_{st} - 1) \times 1000$$

式中,R 为轻同位素与重同位素相对含量之比,即 $^2H/^1H$;下标 sp 代表样品,st 代表标准。

(4)碳、氮同位素比率检测:将 500 μg~800 μg 样品放置在 Flash EA1112 型元素分析仪中,将其转变为纯净的 CO_2 气体和 N_2,将所得到的气体放于型号为 ConfloⅢ型稀释仪,最后利用 DELTAP1US Thermo Finnigan 质谱仪进行测定。其中详细的工作参数如下:

元素分析仪:进样器氮气吹扫流量为 200 mL/min,氧化炉温度为 1020 ℃,还原炉温度为 65O℃,载气氮气流量为 90 mL/min。

ConfloⅢ条件设定:He 稀释压力为 0.6bar[③],CO_2 参考气压力为 0.6bar,N2 参考气压力为 1.Obar。

质谱仪条件:借助 USGS24($\delta^{13}C_{PDB}$=-16.00‰)标记 CO_2 钢瓶,用 IAEAN$_1$($\delta^{15}N_{air}$ 0.4‰)标定钢瓶。用标定的钢瓶气作为标准。

稳定性碳、氮同位素比率分别用 $\delta^{13}C$(‰)和 $\delta^{15}N$(‰)表示,$\delta^{13}C$ 的相对标准为 V-PDB,$\delta^{15}N$ 的相对标准为空气。计算公式见下式。

$$\delta(‰) = (R_{样品} / R_{标准} - 1) \times 1000$$

上式中,R 为轻同位素与重同位素相对含量之比,即 $^{13}C/^{12}C$ 和 $^{15}N/^{14}N$。

(5)铅同位素比率检测:提取 0.3 g-0.5 g 已去除物质中的脂肪质的牛肉粉并放于消化管中,并添加浓硝酸(65%,分析纯)10 mL,盐酸(37%,分析纯)3 mL,放置 Multiwave3000 微波消解仪中进行消毒处理,最后利用 7 500 a ICP-MS 检测已消毒样品的铅同位素比率。

(6)锶同位素比率检测:提取 0.8 g 脱脂牛肉粉,放置石英坩埚中,并且将石英坩埚放置在箱式电阻炉中,在保持 800 ℃下温度的条件下放置 2 h 后取出。借助 HNO_3 溶解作离心处理,将分离后清液添加到装有 DOWEX50 W-X8 阳离子交换柱上,接收 Sr 部分。将处理后的样品用型号为 MAT-262(德国 Finnigan 公司)的热电离质谱(TIMS)做检测。标准样品为 NBS987 $SrCO_3$,其 88Sr/^{86}Sr=0.710 243(2σ)。

(7)数据处理:借助 SAS 软件对数据作方差分析、多重比较分析、判别分析,在此过程中可以利用 EX-CEL 软件做相关分析。

2. 牛肉产地溯源结果分析

同位素测定结果见表 5-18、表 5-19 和表 5-20。

表 5-18 牛组织中 $\delta^{13}C$ 值及其变异系数

采样地区	项目	脱脂牛肉	粗脂肪	牛尾毛
吉林省榆树市	平均值(%)	-12.725 ± 1.463	-17.041 ± 1.652	-11.910 ± 1.529
	变异系数(%)	11.496	9.692	-12.838
贵州省安顺市	平均值(%)	17.000 ± 2.051	-21.079 ± 2.200	-15.683 ± 2.284
	变异系数(%)	12.062	10.436	14.561

续表

采样地区	项目	脱脂牛肉	粗脂肪	牛尾毛
宁夏同心县	平均值(‰)	-18.958 ± 1.207	-24.152 ± 1.396	-19.300 ± 1.387
	变异系数(%)	6.367	5.780	7.188
河北省张北县	平均值(‰)	-20.689 ± 1.425	-26.087 ± 1.679	-20.925 ± 1.331
	变异系数(%)	6.887	6.436	6.363

表 5-19　牛组织中 $\delta^{15}N$ 和 δD

采样地区	项目	脱脂牛肉	粗脂肪	牛尾毛
吉林省榆树市	平均值(‰)	5.129 ± 0.745	4.779 ± 0.495	-95.305 ± 3.313
	变异系数(%)	14.523	10.351	3.476
贵州省安顺市	平均值(‰)	6.361 ± 1.024	6.068 ± 0.901	-86.606 ± 4.945
	变异系数(%)	16.089	14.580	5.709
宁夏同心县	平均值(‰)	4.590 ± 0.699	4.646 ± 0.269	-90.250 ± 3.662
	变异系数(%)	15.230	6.017	4.057
河北省张北县	平均值(‰)	6.577 ± 1.367	5.958 ± 1.475	-86.683 ± 3.838
	变异系数(%)	20.789	24.753	4.427

表 5-20　脱脂牛肉中铅和锶同位素比率

采样地区		206Pb/207Pb	208Pb/207Pb	87Sr/86Sr
吉林省榆树市	平均值(‰)	1.040 ± 0.011	2.298 ± 0.030	0.709 54 ± 0.000 3
	变异系数(%)	1.061	1.290	0.042
贵州省安顺市	平均值(‰)	1.032 ± 0.021	2.260 ± 0.038	0.709 28 ± 0.000 3
	变异系数(%)	2.007	1.660	0.042
宁夏同心县	平均值(‰)	1.034 ± 0.016	2.282 ± 0.023	0.709 67 ± 0.000 2
	变异系数(%)	1.552	1.012	0.003
河北省张北县	平均值(‰)	1.015 ± 0.015	2.252 ± 0.034	0.709 44 ± 0.000 2
	变异系数(%)	1.445	1.525	0.028

3. 牛肉产地的判别分析

单一同位素指标对牛肉产地的正确判别率比较低,最高的仅为 73%(表 5-21),而将各项同位素指标结合进行距离判别分析,它们对牛肉产地的确定判别率分别提高到 78% 和 85%;牛尾毛中的 $\delta^{13}C$、$\delta^{15}N$ 和 δD 三项指标结合,整体正确判别率进一步提高,达到 92%;已去除脂肪质的牛肉中碳、氮两项同位素指标与铅、锶同位素指标分别组合后,对牛肉产地的整体正确判别率也明显提高,但它们均低于碳、氮、氘三项指标对牛肉产地的整体正确判别率(表 5-22)。

表 5-21　单一同位素指标对牛肉产地的正确判别率

采样地区	513 C(%0)			^5 N(%0)		dD(%。)	206pb/207 pb	208 pb/207 pb	87 Sr/86 Sr
	脱脂牛肉	粗脂肪	牛尾毛	脱脂牛肉	牛尾毛	牛尾毛	脱脂牛肉	脱脂牛肉	脱脂牛肉
吉林省榆树市	86%	86%	90%	38%	38%	86%	48%	52%	25%
贵州省安顺市	50%	75%	69%	25%	6%	75%	44%	6%	79%
宁夏同心县	60%	50%	50%	70%	80%	63%	0%	36%	9%
河北省张北县	75%	67%	67%	75%	92%	18%	77%	38%	11%
整体正确判别率	69%	73%	73%	47%	47%	62%	57%	34%	34%

表 5-22　同位素指标组合对牛肉产地的判别分析

采样地区	$\delta13\,C$、$\delta15\,N$ 脱脂牛肉	$\delta13\,C$、$\delta15\,N$ 206 Pb/207Pb 脱脂牛肉	$\delta13\,C$、$\delta15\,N$ 208 Pb/207 Pb 脱脂牛肉	$\delta13\,C$、$\delta15\,N$ 206Pb/207Pb. 208 Pb/207 Pb 脱脂牛肉	$\delta13\,C$、$\delta15\,N$ 87Sr/86Sr 脱脂牛肉
吉林省榆树市	86%	90%	86%	90%	85%
贵州省安顺市	69%	75%	81%	94%	79%
宁夏同心县	80%	90%	80%	80%	80%
河北省张北县	75%	83%	83%	73%	89%
整体正确判别率	78%	85%	83%	86%	83%

4. 建立牛肉产地判别模型分析

在辨别分析中,一般会影响分析结果的因素有很多,但是因素的影响程度有大小之分。当影响因素较多时,若是一律使用构建判别函数的方法,不仅会加大工作量,还会因为影响因素之间本身存在的关联性,使得求解逆矩阵的精准程度下降,最终使得结果的稳定性较差。所以合理选择变量对于判别分析而言是十分重要。

借助脱脂牛肉、粗脂肪中的碳、氮、氘、氚、铅元素逐步进行判别分析,筛选出重要的变量。依据 $p<0.05$ 水平下的明显性检验,9 项指标中有 3 项指标加入判别模型中,加入的先后逻辑顺序依次为脱脂牛肉的 $\delta^{13}\,C$、δD 和 $\delta^{15}\,N$,构建的判别模型如下文所示:

$$Y_{吉林} = -315.016 - 2.200\delta^{13}C + 7.797\delta^{15}N - 5.923\delta D$$

$$Y_{贵州} = -289.524 - 3.894\delta^{13}C + 9.858\delta^{15}N - 5.260\delta D$$

$$Y_{宁夏} = -311.034 - 4.941\delta^{13}C + 8.043\delta^{15}N - 5.399\delta D$$

$$Y_{河北} = -314.399 - 5.753\delta^{13}C + 10.196\delta^{15}N - 5.128\delta D$$

借助按步判别分析建立判别模型过程中,一般情况下会去除相关性极高的变量。所以判别模型中加入了脱脂牛肉的 $\delta^{13}C$、$\delta^{15}N$ 两种指标。在判别分析结果中,则三项指标对牛肉产地的整体判别率为 92%(表 4-12)。借助建立的判别模型对四个区域的样本进行判别分析, 59 个样本中有 7 个样本做了错误性的判断,整体正确判别率则为 88%(表 5-23),此时的判别效果较好。在实际应用中,利用此判别模型可对不知来源等信息的样本进行判别。判别方法为将所测定的变量值代入上述判别模型中,来比较四个地域 Y 值,不知来源等信息的样本隶属于 Y 值最大的地域。

表 5-23　判别分析结果总结

原属类别	最后判属类别				合计
	吉林省榆树市	贵州省安顺市	宁夏同心县	河北省张北县	59
吉林省榆树市	20	1	0	0	21
贵州省安顺市	0	13	3	0	16
宁夏同心县	0	0	9	1	10
河北省张北县	0	1	2	10	13

5. 同位素指纹技术对牛肉产地溯源的可行性分析

来源、种类等信息不同的牛肉样品的各组织中碳、氮、氘、铅、锶同位素指标都有极其明显的差异,由此足以表明我国四大肉牛产区牛肉样品同位素指纹的特征各有所长。判别分析、主成分分析、聚类分析结果这三种分析方法从不同侧面表明同位素指纹对四大肉牛产区牛肉产地溯源的判别效果是比较理想的。借助脱脂牛肉中 $\delta^{13}C$、$\delta^{15}N$、$^{206}Pb/^{207}Pb$、$^{208}Pb/^{207}Pb$ 四项指标组合对牛肉产地的正确判别率为 86%。主成分分析散点图和聚类分析树图也较为直观地说明同位素指纹能有效区别四大肉牛产区的牛肉源。由此可见,同位素指纹技术在牛肉产地溯源中的应用是行得通的。

对牛肉原产地的整体正确判别率按照高到低的顺序依序是 $\delta^{13}C>\delta D>^{206}Pb/^{207}Pb>\delta^{15}N>^{208}Pb/^{207}Pb>^{87}Sr/^{86}Sr$,即碳同位素对牛肉产地的判别成果最好,氢同位素次之,氮、铅和锶同位素对牛肉产地的判别效果最差。同位素指标构成结构可明显提高对牛肉产地的正确判别率,特别是氮同位素与碳、氢同位素组合效果尤其显著,在逐步判别分析过程中,将三项指标加入判别模型中,且借助判别模型对牛肉产地的正确判别率比较好(88%)。在国际上通常是借助碳、氮同位素对食品产地溯源进行研究分析,从大部分的报道也可以看出 $\delta^{13}C$ 对食品地域的判别效果比较好,而 $\delta^{15}N$ 的判别效果不是很理想。Rossmann 等采集了欧洲不同国家的黄油样品,检测了全黄油的 $\delta^{13}C$ 值,黄油蛋白中的 $\delta^{13}C$、$\delta^{15}N$、$\delta^{34}S$ 和 $\delta^{87}Sr$ 值,结果表明 $\delta^{15}N$ 和 $\delta^{34}S$ 并不能十分准确地判断出黄油的地域来源(Rossmann et al,2000)。Branch 等检测了源自美国、加拿大和欧洲小麦样品中的 $\delta^{13}C$、$\delta^{15}N$、镉、铅、硒和砷,结果表明用 $\delta^{13}C$ 一项指标就可以完全分辨出 3 个不同地域来源的小麦样品,利用相同的原理可以看出不同地域小麦的 $\delta^{15}N$ 值却重叠较多(Branch et al,2003)。尽管借助牛各组织中 $\delta^{15}N$ 一项指标对区域的正确判别率较低,它与 $\delta^{13}C$ 指标相结合都能明显提高地域的正确判别率。Piasentier 等研究表明,不同地方饲喂同一种饲料的羊脂肪、蛋白质中的 $\delta^{13}C$ 值差异性不大,但对 N 值却有较大的差异(Piasentier et al,2003)。从这一点上可以说明 δ^{15} N 指标与 δ^{13} C 指标既可相互补充,又可以提高肉品的区域判别率。

有关肉品中水的 δ^{18}O 和 δD 作为产地溯源的指标,目前还存在异议。一部分学者认为它们可以作为产地溯源的指标,但另一部分研究者发现肉中水的 δ^{18}O 值不但受季节的影响较大,而且受肉的储存期和储存环境对其造成的影响同样也较大。Ines Thiem 等将 50 g 切碎的牛肉分别放置在 18.5 ℃和 21.5 ℃的环境中贮藏了 10 h,再分析肉中水的 δ^{18}O 值的变化情况,发现每 1hδ^{18}O 值分别增加了 0.3‰和 0.4‰(Thies et al,2004)。此外,胴体喷水冷却对肉中水的 δ^{18}O 值改变也很大。这些因素的影响掩盖了地域之间的差异(Schwertl et al,2003)。对此有些学者建议测定干燥牛肉粉、牛尾毛或骨中的 δ^{18}O 和 δD 值(Hegerding et al,2004)。

铅、锶同位素在单独使用时对牛肉区域的判别效果不理想,但它与其他同位素组合也可提高牛肉产地的正确判别率。铅、锶等重同位素的自然分馏效应较小,导致不同区域来源的样品中同位素比值差异较小,而且有机物中的铅、锶同位素检测又比较困难,它们对仪器的检测精度要求非常高。当下,文献报道中主要是对测定岩石等无机物中的铅、锶同位素比值,如借助铅同位素比值来研究环境中的污染源(王琬等,2002;Marisa et al,1999),借助锶同位素比值研究地质年龄等(张西营等,2002),而借助它们进行食品产地溯源研究的报道较少,且主要集中在丹参、葡萄酒等植物源产品研究中。在肉制品产地溯源研究过程中,只有锶同位素的相关报道。研究表明,源自德国、巴西、瑞士、法国和匈牙利的牛肉、家禽样品中 ^{87}Sr/^{86}Sr 比值差异不明显。他们认为这一方面可能是由于肉中的锶含量太低,并且不同肉样品中的锶同位素比值变异太小造成;另一方面可能是因为研究中取样地的边界是根据行政区域区分的,当在不了解其地质区域划分界限时,特别是对于一些比较大的国家如巴西、美国、加拿大、法国和德国而言,特别制定区域来源动物体中 ^{87}Sr/^{86}Sr 比值可能比全国收集的样品中锶同位素比值更有特有性(Bettina et al,2007)。有关铅、锶同位素对牛肉产地的判别结果还需要进一步研究证实。

5.5　条码技术

条码识别技术最早是 20 世纪 40 年代由两位美国工程师乔·伍德兰德和伯尼·西尔沃开始研究,经过几十年的开发研究取得了长足发展。条形码是当下应用较广的一种识别技术,与人们的生活息息相关,尤其大型商超已经离不开这门技术,其原因是条形码能有效整理商品信息。借助图像输入或是光电扫描设备来达到条形码的计算机自动识读输入的目的,通过这种输入方法,条形码这种图形代码相比于其他代码有以下优点:

(1)数据采集的准确性、可靠性、快捷性。

(2)条形码本身携带信息,一维条码携带的信息量可以达到几十个字符,二维条码携带的信息量可达到数千字符,且由于本身设计,条形码都具有自动纠错的能力。

(3)条形码自动识读的输入方式和强大的自动纠错能力,决定了条形码的准确率更高。

(4)使用的灵活性,实用性。条形码单独使用可作为大多数产品的身份识别码与其他信息化设备连接使用可组建自动化的管理系统。

（5）相比于其他自动识别技术,条形码最大的优势在于其价格低廉,便于附着。

5.5.1　一维条码

一维码包含以下码制: EAN 码、39 码、交叉 25 码、UPC 码、128 码、93 码, ISBN 码,及 Codabar(库德巴码)等。

条码的组成结构有:一组按照规定进行排列的条、空以及一一匹配的字符,其中对光线反射率较低的部分称为条,对光线反射率较高的部分称为空。如图 5-50 所示。一维条码通过条和空的有序组合,使条形码具有一定的数据信息,并且采用特定设备能将此信息识读,转换成通用的十进制或二进制信息。

图 5-50　一维条形码

一般来讲,对于每件物品,都采用唯一的编码,因此对于普通商品的一维编码来说,是需要数据库才能实现条码与商品的一一对应,首先条码数据通过识读设备上传到计算机应用程序操作和处理实现与商品数据库交互,在整个的处理过程中,一维条码仅作为信息的识别法,它的意义是计算机数据库信息的一种硬件实现形式。

5.5.2　二维条码

一维条码是较早出现的一种识别技术,随着应用的不断广泛,由于可携带的信息容量有限,目前已经无法满足商品信息的容量需求,并且对计算机网络有较高的依赖性,同时占用大量的数据库信息。为解决以上问题,科研人员研制出了二维条形码,就是目前市面上随处可见的二维码,无须依赖网络,可以脱离数据库单独使用。并且,自身能够存储信息的二维条码,我们只需拿出设备扫一扫便可以获得大量的信息。同时,二维码具有比一维码更加强大的纠正错误信息的能力,提高纠错能力的同时,还增加了一项防伪功能,保证了信息的安全性。

二维条码,也可简称二维码,是指利用一定特别指定的空间图形依据某种规定在平面(二维方向)分布的黑白相间的图形,用于记录数据符号信息。二维码编制的基本原理和一维码一样,都是计算机语言的二进制"0"和"1"比特流的概念,包含文字或数值的信息都通过将若干图形进行有序组合来表示。二维码和一维码有一些共同的特点:第一,每个编码都代表不同信息,且一条信息只产生一种对应码;第二,每个图像具有不同的长宽比例;第三,具有一定的纠错能力。他们同时也必然存在着一些不同点,这就是二维码优于一维码的特点,密度高、更耐磨损、纠错能力更强、加入了加密技术、信息自动识别功能、信息存储量更大及处理图形旋转变化等特点。如图 5-51 所示。

图 5-51　二维码

1. 二维条码的相关标准

国际上,二维条码技术国际标准由国际标准化组织 ISO 与国际电工委员会 IEC 成立的第 1 联合委员会 ITC1 的第 31 分委员会,即自动识别与数据采集技术分委员会(ISOIEC/TCI SC31)负责组织制定。目前已完成 PDF417、QR Code、Maxi Code.Data MartrixAztee Code 等二维条码码制标准的制定;系统一致性方面的标准已完成二维条码符号印制质量的检验(SO/IEC0 15 415)、二维条码识读器测试规范(ISO/IEC15426-2)。二维条码的应用标准由 ISO 相关应用领域标准化委员会负责组织制定,如包装、标签、条码由国际标准化组织(ISO)、包装标准化技术委员会(TC122)负责制定,目前已完成包装标签应用标准的制定。国际自动识别制造商协会(AIM)、美国标准化协会(ANSI)已完成了 PDF417、QR Code、Code 49、Code 16K、Code One 等码制的符号标准。

在我国,二维条码技术由全国信息技术标准化技术委员会自动识别与数据采集技术分技术委员会负责(SAC/TC28/SC31),中国物品编码中心作为分委员会秘书处单位已于 2003 年 3 月制定完成了二维条码标准体系,其中提到了我国二维条码标准体系的总体框架,它是我国二维条码技术与应用标准的基础和依据,并随着我国二维条码技术的广泛应用和发展对其不断地更新和充实。

二维条码标准体系利用了树型结构,具有两层结构,层与层之间是包含与被包含的关系,第一层包括了当前二维条码技术领域的所有标准,分为二维条码基础标准、二维条码码制标准、二维条码系统致性、二维条码应用标准四个部分。第二层是在第一层的基础上发展而来,共分若干的方面,每个方面又分成标准系列或个性标准,第一部分包括二维条码术语标准,第二部分二维条码码制标准又分为行排式二维条码、矩阵式二维条码和复合码三部分。第三部分是依据符号印制质量和设备两个方面的标准设计的,其中设备又分为生成设备和识读设备和检测设备三类。第四部分为二维条码在各个具体行业中应用的标准。二维条码标准体系结构见图 5-52。二维条码标准状态明细见表 5-24。

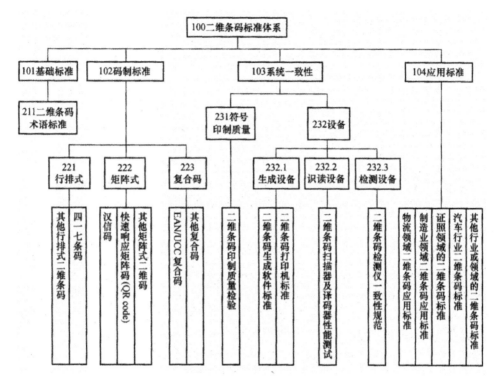

图 5-52　二维条码标准体系结构

表 5-24　二维条码标准状态明细

代号		标准名称	标准代号和编号	采用的或相应的国际、国外标准号	备注
101		基础标准			
211		二维条码术语标准			
102		二维条码码制标准			
221		行排式二维条码			
	1	四—条码	GB/T 17172—1997	ISO/IEC 1543H	
222		矩阵式二维条码			
	1	快速响应矩阵码（QR code）	GB/T 18284—000	ISI/IEC 18 004	
	2	汉信码（Chinese Sensible code）	GB/T 21049—007		
	3	网格矩阵码	GB/T 27766—2011		
	4	紧密矩阵码	GB/T 27767—2011		
223		复合码			
	1	国际技术规范-EAN/UCC 复合码			
103		系统一致性			
231		符号印制质量			

代号		标准名称	标准代号和编号	采用的或相应的国际、国外标准号	备注
	1	二维条码印制质量检验	GB/T 23704—2009	ISO/IEC 15 415	
104		应用标准			
	1	物流领域二维条码应用标准	GB/T 19946—2005		

2. 二维条码的特点与应用

一维条码即使让资料采集与资料整理速度有所提升,却因为本身对资料容量有所限定,维条码仅能标识商品,而不能描述商品,所以相当依赖电脑网络和资料库。当资料库处于无网络连接的状态下,一维条码就很难实现其功能。针对一维条码的缺陷等问题,结合二维条码技术具有的高存储的典型特点,使得二维条码技术逐渐出现在大众视野当中。另外,二维条码还具备了疏密程度紧凑、抗磨损等特性,可以根据这些特点来扩宽了条码的应用领域。

近几年,紧跟资料自动化采集技术的发展,利用条码符号表达多种资讯的需求逐步增加,因为在一般情况下一维条码的资料长度大于等于15个字元,所以通常会用来存储关键索引值(Key)。但是它只可以作为一种资料标识,不能对产品展开具体描述,此时也就需要利用网络在资料库中提取更多的资料项目,同时,在缺乏网络或资料库的情况下,会致使二维条码失去应用意义。另外,一维条码有一个显著的缺陷,就是垂直方向不可以随身带着资料,所以使得资料密集程度较低。期初如此设计的目的有两个:一是保证局部已损坏的条码仍然可以准确识别;二是扫描便捷。如果要解决资料密集程度较低的问题,可以采取以下两种方法:基于一维条码逐渐发展到二维条码方向;借助图像识别原理,并结合新的几何形体和结构设计出新的二维条码。

在20世纪80年代末期二维条码的新技术逐渐崭露头角,在"资料储存量大""资讯随着产品走""可以传真影印""错误纠正能力高"等特征下,二维条码在1990年初已经逐步被应用。

1)二维条码的分类

与一维条码类似,二维条码的编码方法有多种,其编码方法称为码制。码制的编码原理有以下两种类型:

Ⅰ.行排式二维条码

行排式二维条码或堆积式二维条码、层排式二维条码,其原理是依据一维条码而形成,根据实际需求聚焦堆高成二行或多行。它在码号设置、订正或缮写原理、识别读写方式等方面借鉴了一维条码的一定特性,识读设备与条码印刷与一维条码技术相互融合。当行数有所添加时,则需要对行展开分辨断定。另外,二维条码的译码算法与软件与一维条码有所不同。典型的行排式二维条码,例如:Code 16K、Code 49、PDF417等。

Ⅱ.矩阵式二维条码

短阵式二维条码或棋盘式二维条码,它的原理是在矩阵中根据黑、白像素的分布展开编码。在矩阵相对应的元素所在地方,用点(方点、圆点或其他形状)的产生代表二进制"1",若是没有产生点,则代表二进制的"0",点的排列组合明确地肯定了矩阵式二维条码所表示的价值。矩阵式二维条码是以计算机图像处理技术、组合编码原理等为根本的一种新型图形符号自动识读处理码制。典型的矩阵式二维条码如 Code One、Maxi Code、QR Code、Data Matrix 等。

在当前多种二维条码中,码制有: PDF417, Data Matrix, Maxi Code, QRCode, Code 49, Code 16K, Code one, Vericode 条码 CP 码、Codablock F 条码、田字码、Ultracode 条码、Aztec 条码,其中前 8 中码制是经常使用的。二维条码与磁卡、IC 卡、光卡主要功能比较见表 5-25。

表 5-25　二维条码与磁卡、IC 卡、光卡主要功能比较

比较点	二维条码	磁卡	IC 卡	光卡
抗磁力	强	弱	中等	强
抗静电	强	中等	中等	强
	强	弱	弱	弱;
抗损性	可折叠	不可折叠	不可折叠	不可折叠 j
	可局部穿孔	不可穿孔	不可穿孔	不可穿孔 1
	可局部切割		不可切割	不可切割 j

Ⅲ. 复合码

复合码是根据一维码组分和二维条码通过组合而建立的一种新前者是依据标识对象的分主标识而编码,后者则是标识对象的附加信息。典型的矩阵式二维条码有: ENA/UCC 复合码。

2)二维条码与一维条码的比较

其共同点是条码原理的形成都是利用符号来携带资料,并实现资料的自动辨识。其不同点是:根据应用分析,一维条码侧重于"标识"商品,而二维条码则侧重于"描述"商品。因此与一维条码相比,二维条码(2D)既可以存储关键值,又可以将商品的相关资料编辑录入二维条码中,实现资料库随着产品走的效果,从而提供多种一维条码无法实现的应用。比如,一维条码需要两相配合电脑资料库才可以实现产品的具体资讯的查询操作,若为新产品则必须再重新登录,对产品特性为多样少量的行业构成应用上的困扰。另外,一维条码一旦出现磨损就会降低条码阅读效率,所以此条码与工业领域不需要合作。除了以上可能出现的多次注册或登记与条码损耗等问题外,二维条码消除了一维条码的缺陷,使得企业可以充分享受资料自动输入、无键输入的便利之处,也会给企业与整体产业带来较大利益,同时也扩宽了条码的应用领域。

一维条码与二维条码的区别还体现在资料容纳的数量与疏密程度、错误侦查能力及错误矫正能力、主要用途等方面。

3)二维条码的应用范围

表单应用:公文表单、商业表单、进出口报单、舱单等资料的互换,降低人工多次输入表单资料的概率,从而规避了人为犯错,缩减人力成本。

保密应用:商业情报、经济情报政治情报、军事情报、私人情报等重要而秘密资料增加其解密的难度,转化成无法了解的编码形式,并用于传递信息。

证照应用:护照、身份证挂号证、驾照、会员证、识别证、连锁店会员证等证照资料的录入及自动化输入,发挥提取资讯快捷的管理效果。

追踪应用:公文自动追踪、生产线零件自动追踪、后勤补给自动追踪、邮购运送自定追踪、医疗体检自动追踪、维修记录自动追踪、危险物品自动追踪、客户服务自动追踪、生态研究(动物、鸟类等)自动追踪等。

盘点应用:物流中心、仓储中心、联勤中心的货品及固定资产的自动盘点,发挥"立即盘点、立即决策"的效果。

备援应用:文件表单的资料若不愿或不能以磁碟、光碟等电子媒体储存备援时,可利用二维条码来储存备援,携带方便,不怕折叠,保存时间长,又可影印传真,做更多备份。

3. 二维条码的国际应用标准

国际组织在二维条码应用标准上的努力已有初步成效,美国国家标准协会(ANSI)所制定的二维条码国际标准,包括 PDF417 MaxicdeDetatrix. 其中以 PDF417 应用范围最广,从生产、运货行销、到存货管理都很适合,所以 PDF417 特别适用于流通业者。Maxicde 通常用于邮包的自动分类和追踪,Datamatix 则特别适用于小零件的标识。国际标准组织标准制定委员会最大的任务,是避免同一行业采用不同的二维码,造成咨询传输上的困扰。

1)流通业的标准

美国部分条码委员会,如美国国家标准协会 ANSIMH10.8、电子工业联谊会 EIAM-H10SBC-8 等,已发展出二维条码在流通业的应用标准。ANSIMH10.8 委员会的主要任务为制定单位包裹与货运标签应用的标准(Two — dimensional Symbols For UseWith Unit Loads and Transport Packages),二维条码标准的建议内容包括:

(1)进货及出货单采用 PDF417 二维条码,如船运公司的舱单,其每个模组列印的最佳尺寸是 10mils 以上。

(2)电子资料交换(EDI)的讯息及相关文件采用 PDF417 二维条码。

(3)输送带上产品的搜寻及追踪采用 Maxicode 二维条码。

美国电子工业联谊会(EIA)是美国主要电子制造业者,如英特尔(Intel)、Motorola、德州仪器等共同组成的产业贸易协会。1995 年 2 月 1 日,EIA 条码委员会(MH10 SBC-8)在 ANSI 的支持下宣布二维条码可以应用在下列三大范围:高速搜寻及追踪(HighSpeed Sortation and Tracking)、纸上电子资料交换(Paper EDI)、出货进货讯息(Ship-ping/Receiving Information)。1995 年 4 月,EIA 条码委员会完成二维条码标准草案(ANSI/EIA PN3132),作为电子产品整个产销流程上中下游使用二维条码的标准。事实上,半导体设备暨物料国际协会(SEMI)在 1993 年就制定了半导体晶片使用二维条码的标准(SEMIT93),希望半导体厂商使用二维条码以防止晶片的偷窃犯罪,可惜当时二维条码相关设备昂贵而技术也不完全成熟。如今新完成的二维条码标准草案(ANSI/EIA PN3132),已经整合各种二维条码在各种行业的需求,具有广泛的实用性。

2)证照业的标准

机器可读旅行文件技术咨询小组(Technical Advisory Group on Machine ReadableTravel

Documents，TAG/MRTD）是一个国际标准组织。1995 年 1 月 17-20 日在日内瓦举行新技术评估会议,通过建议将二维条码列为国际证照标准,在国际证照上可加印二维条码,以储存证照的文字或指纹、相片等身份辨识生理资料（BiometricsIdentification）。该小组针对二维条码在证照上的应用,做出以下的建议:

（1）二维条码在证照上的应用已相当可行,有关二维条码在证照上的位置、储存内容及详细规格应立即研定。

（2）二维条码储存的资料内容应作为证照真伪的辨别及持有人的身份的辨识,印二维条码的油墨应含有标准光学特征以辨识证照的真伪。

（3）当二维条码因国情因素不能印制时,印制二维条码的位置可用以含有光学性质的特别油墨处理,以符合国际标准。

4. 二维条码的防伪溯源技术

1）二维码防伪技术

由于二维条码的光学可见性,造假者一方面利用扫描、拍照、复印等技术大量仿制二维条码;另一方面直接将真实二维条码标签贴在伪造商品上,使这一先进防伪措施形同虚设。

基于分数阶微积分纹理处理技术解决二维条码防伪,将传统二维条码转变为光学器材难以分辨的高清纹理。造假者不仅无法扫描复制,而且不能破解编码规则,从而更加有效地防范造假者"真标签、假商品"的做法,提高二维条码防伪甄别能力。

2）标签转换技术

农产品从生产环节到消费环节整个过程中,需要经过多个部门的信息转换,为保持信息的连续性,方便查询溯源信息,采取基于溯源树的标签（二维条码、RFID）转换技术。在溯源树的支持下,从上游至下游的农产品跟踪可以表示为对整个溯源树的遍历,而从下游至上游的农产品追溯可以表示为从该产品信息所在子节点到根节点的路径,从而较为简便地解决农产品周转环节信息采集更新的问题。

3）数据同步技术

采用基于 Soncket 通信的数据同步方法,通过 Socket 数据表现形式为字节流信息,按照约定的数据单元格式进行数据的封装和解释,各模块按照时间确定同步更新的数据以及针对该数据的操作,在各阶段采集的信息数据上传到溯源中心数据库实现同步处理,以便于消费者最后的溯源查询。

4）基于云计算溯源技术

基于云计算溯源技术是利用二维条码对农产品真伪实施鉴别的,基于云计算的二维条码农产品防伪溯源数据中心及农产品防伪溯源方法的技术,包括建立在云计算平台上的二维条码数据中心。二维条码数据中心可储存反应农产品基本特征和来源的基本信息,可根据农产品基本特征和来源信息编制与每一件农产品相对应的防伪溯源二维条码,还可以将外部上传的二维条码信息与二维条码数据处理中心储存的农产品基本特征和来源信息进行对比。

5. 几种常用的二维码

1）Code 16K 条码

Code 16K 条码（图 5-53）是一种多层、连续型、可变长度的条码符号,可以表示全 ASCII

字符集的 128 个字符及扩展 ASCII 字符。它采用 UPC 及 Code128 字符。一个 16 层的 Code 16K 符号,可以表示 77 个 ASCII 字符或 154 个数字字符。Code 16K 通过唯一的起始符/终止符标识层号,通过了符自校验及两个模数 107 的校验字符进行错误校验。Code 16K 条码的特性见表 5-26。

图 5-53　Code 16K 条码示例

表 5-26　Code 16K 条码的特性

项　　　目	特　　　　　性
可编码字符集	全部 128 个 ASCII 字符,全 128 个扩展 ASCII 字符
类型	连续型,多层
每个符号字符单元数	6(3 条,3 空)
每个符号字符模块数	11
符号宽度	81X(包括空白区)
符号高度	可变(2~16 层)
数据容量	2 层符号:7 个 ASCII 字符或 14 个数字字符 8 层符号:49 个 ASCII 字符或 1541 个数字字符
层自校验功能	有
符号校验字符	2 个,强制型
双向可译码性	是,通过层(任意次序)
其他特性	工业特定标志,区域分隔符字符,信息追加,序列符号连接,扩展数量长度选择

2)Code 49 条码

Code 49 条码(图 5-54)是一种、连续性、可变长度的条码符号,他可以表示全部的 128 个 ASCII 字符。每个 Code 49 条码符号有 2 到 8 层组成,每层有 18 个条和 17 个空。层与层之间由一个层分隔条分开。每层包含一个层标识符,最后一层包含表示符号层数的信息。Code 49 条码的特性见表 5-27。

图 5-54　Code 49 条码示例

表 5-27 Code 49 条码的特性

项目	特性
可编码字符集	全部 128 个 ASCII 字符
类型	连续型,多层
每个符号字符单元数	8(4 条,4 空)
每个符号字符模块总数	16
符号宽度	81X(包括空白区)
符号高度	可变(2~8 层)
数据容量	2 层符号:9 个数字字母型字符或 15 个数字字符 8 层符号:49 个数字字母型字符或 81 个数字字符
层自校验功能	有
符号校验字符	2 个或 3 个,强制型
双向可译码性	是,通过层
其他特性	工业特定标志,字段分隔符,信息追加,序列符号连接

3）PDF417 条码

PDF417 码是由留美华人王寅敬(音)博士发明的。PDF 是取英文 Portable Data File 三个单词的首字母的缩写,意为"便携数据文件"。因为组成条码的每一符号字符都是由 4 个条和 4 个空构成,如果将组成条码的最窄条或空称为个模块,则上述的 4 个条和 4 个空的总模块数一定为 17,所以称 417 码或 PDF417 码,示例见图 5-55。

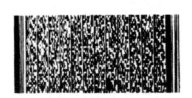

图 5-55 PDF417 码品

Ⅰ. 符号结构

每一个 PDF417 符号由空白区包围的一序列层组成。

每一层包括:左空白区;起始符;左层指示符号字符;1 到 30 个数据符号字符;右层指示符号字符;终止符;右空白区。每一个符号字符包括 4 个条和 4 个空,每一个条或空由 1-6 个模块组成。在一个符号字符中,4 个条和 4 个空的总模块数为 17。

Ⅱ. PDF417 条码的标准化现状

自 Symbol 公司 1991 年将 PDF417 作为公开的系统标准后,PDF417 条码为越来越多的标准化机构所接受。如:

AIME-1999 年被选定为国际自动识别制造商协会(AIM)标准;

ANSIMH10.8-1996 年美国标准化委员会(ANSI)已将 PDF417 条码作为美国的运输包装的纸面 EDI 的标准;

CEN-1997 年欧洲标准化委员会（CEN）通过了 PDF417 的欧洲标准；

国际标准化组织（ISO）与国际电工委员会（IEC）的第一联合委员会第三十一分委员会正在起草 PDF417 二维条码标准；

中国— PDF417 二维条码已列为 95 期间的国家重点科技攻关项目。1997 年 12 月 PDF417 条码国家标准《四一七条码》已经正式颁布；

AIAG/ODETTE-1995 年北美和欧洲汽车工业组织已将 PDF417 选定为各种生产及管理/纸面 EDI 的标准；

AAMVA-1995 年美国机动车管理局将 PDF417 选定为所有驾驶员及机动车管理的二维条码应用标准。美国一些州、加拿大部分省份已经在车辆年检、行车证年审及驾驶证年审等方面，将 PDF417 选为机读标准；

TCIF 美国工业论坛已将 PDF417 列为重要电讯产品的标识标准；

TCIF-美国工业论坛已将 PDF417 列为重要电讯产品的标识标准；

EDIFICE 欧洲负责 EDI 及条码在电子工业方面应用的工业组织已将 PDF417 定为管理/纸面 EDI 应用标准，并列入运输标识条码标签应用指南；

巴林—已将 PDF417 定为身份证的机读标准，最近还将有一些国家陆续在身份证上选用 PDF417 二维条码；

美国国防部在其新的军人身份证上采用 PDF417 条码作为机读标准，将照片及紧急医疗信息编入条码，大约 16 000 000 张军人卡已在 700 多个世界各地的美军基地投入使用。另外，美国国防部还将 PDF417 条码作为后勤管理和纸面 EDI 应用标准。

4）Codo one 条码

Codo one（图 5-56）是一种用成像设备识别的矩阵二维条码。Code one 符号中包含可由快速性线性探测器识别的识别图案。每一模块的宽和高尺寸为 X。

图 5-56　Code one 条码

Code one 符号共有 10 种版本及 14 种尺寸。最大的符号，即版本 B,可以表示 2 218 个字母型字符或 3 550 个数字，以及 560 个纠错字符。Code one 可以表示全部 256 个 ASCII 字符,另加 4 个功能字符及 1 个填充字符。Code one 版本 A、B、C、D、E、F、G、H 为一般应用而设计,可用大多数印刷方法制作。这 8 种版本可以表示较大的数据长度范围。每一种版本符号的面积及最大数据容量都是它前一种版本（按字母顺序排列）的两倍。通常情况下,使用中选择表示数据所需的最小版本。Code one 的版本 S 和 T 有固定高度,因此可以用具有固定数量垂直单元的打印头（如喷墨打印机）印制。版本 S 的高度为 8 个印刷单元高度；

版本 T 的高度为 16 个印刷单元高度。这两种版本各有 3 种子版本,它们是 S-10、S-20、S-30、T-16、T-32 与 T-48。子版本的版本号则是由数据区中的列数确定的。应用中具体版本的选定则是由打印头的尺寸及所需数据内容确定的。

　　Code one 具有 6 种代码集。ASCII 代码集是默认代码集,此时每个符号字符可以表示一个 ASCII 数据,两位数字。若要表示扩展 ASCII 字符,则需用功能字符 4(FNC4)作为数据转换或锁定字符。C40 代码集可以将 3 个数字字母型数据用 2 个符号字符来表示。文本代码集则将 2 个小写数字字母型数据用 2 个符号字符表示。EDI 代码集可以类似地组合通用 EDI 数字字母型数据以及字段和记录终止字符。十进制代码集可以将 12 个数字用 5 个符号字符来表示。字节代码集用于表示 ASCII 字符、扩展 ASCII 字符以及二进制数据(加密码数据和压缩图像)组成的混合型数据。Code one 特性见表 5-28。

表 5-28　CODE one 的特性

项目	特性
可编码字符集	全部 ASCII 字符及扩展 ASCII 字符,4 个功能字符,一个填充/信息分隔符,8 位二进制数据
类型	矩阵式二维条码
符号宽度	版本 S~10:13X,版本 H:134X
符号高度	版本 S-10;9X,版本 H:148X
最大数据容量	2218 个文本字符,3550 个数字或 1478 个字节
定位独立	是
字符自校验	无
错谋纠正码词	4-560 个

5)OR Code 条码

Ⅰ.QR Cod 条码特点

　　QR Code 码(图 5-57)是由日本 Denso 公司于 1994 年 9 月研制的一种矩阵二维码符号,它除具有一维条码及其他二维条码所有的信息容量大、可靠性高、可表示汉字及图像多种文字信息、保密防伪性强等优点外,还具有以下特点。

图 5-57　QR Cod 条码

　　(1)超高速识读。从 QR Code 码的英文名称 Quick Response Code 可以看出,超高速识读特点是 QR Code 码区别于四一七条码、Data Matrix 等二维码的主要特性。由于在用 CCD 识读 QR Code 码时,整个 QR Code 码符号中信息的读取是通过 QR Code 码符号的位置探测图形,用硬件来实现。因此,信息识读过程所需时间很短,具有超高速识读特点。用 CCD 二维条码识读设备,每秒可识读 30 个含有 100 个字符的 QR Code 码符号;对于含有相同数据信息的四一七条码符号,每秒仅能识读 3 个符号;对于 Data Martix 矩阵码,每秒仅能识读 2~3 个符号。QR Code 码的超高速识读特性使它能够广泛应用于工业自动化生产线管理等领域。

(2)全方位识读。QR Code 码具有全方位(360°)识读特点,这是 QR Code 码优于行排式二维条码如四一七条码的另一主要特点。由于四一七条码是将一维条码符号在行排高度上的截短来实现的,因此,它很难实现全方位识读,其识读方位角仅为 ±10°。

(3)能够有效地表示中国汉字、日本汉字。由于 QR Code 码用特定的数据压缩模式表示中国汉字和日本汉字,它仅用 13 bit 可表示一个汉字,而四一七条码、Data Martix 等二维码没有特定的汉字表示模式,因此仅用字节表示模式来表示汉字,在用字节模式表示汉字时,需用 16 bit(二个字节)表示一个汉字,因此 QR Code 码比其他的二维条码表示汉字的效率提高了 20%。

(4)QR Code 与 Data Martix 和 PDF417 的比较,见表 5-29。

表 5-29 几种二维码制的比较

码制	QRCode	Data Martix	PDF 417
研制公司	Denso Corp.(日本)	I.D.Matrix Inc.(美国)	Symbol Technolgies Inc(美国)
码制分类	矩阵式		堆叠式
识读速度	30 个/每秒	2~3 个/秒	3 个/秒
识读方向	全方位(360°)		+10°
识读方法	深色/浅色模块判别		条空宽度尺寸判别
汉字表示	13 bit	16 bit	16 bit
*:每一符号表示 100 个字符的信息			

Ⅱ.编码字符集

(1)数字型数据(数字 0~9)。

(2)字母数字型数据(数字 0~9;大写字母 A~Z;9 个其他字符:space,$,%,*,+,/, :)。

(3)位字节型数据。

(4)日本汉字字符。

(5)中国汉字字符(GB 2312《信息交换用汉字编码字符集基本集》对应的汉字和非汉字字符)。

Ⅲ.QR Code 码符号的基本特性

QR Code 码符号的基本特性见表 5-30。

QR Code 码可高效地表示汉字,相同内容,其尺寸小于相同密度的 PDF417 条码。目前市场上的大部分条码打印机都支持 QR code 条码,其专有的汉字模式更加适合我国应用。因此,QRcode 在我国具有良好的应用前景。

表 5-30　QRCode 的特性

符号规格	21X21 模块(版本 1)-177X177 模块(版本 40) (每一规格:每边增加 4 个模块)
数据类型与容量 (指最大规格符号版本 40-L 级)	·数字数据:7 089 个字符 ·字母数据:4 296 个字符 ·位字节数据:2 953 个字符 ·中国汉字、日本汉字数据:1 817 个字符
数据表示方法	深色模块表示二进制"1",浅色模块表示二进制"0"
纠错能力	①L 级:约可纠错 7%的数据码字 ②M 级:约可纠错 15%的数据码字 ③Q 级:约可纠错 25%的数据码字 ④H 级:约可纠错 30%的数据码字
结构链接(可选)掩模(固有)	可用 1~16 个 QR Code 码符号表示一组信息 可以使符号中深色与浅色模块的比例接近 1:1,使因相邻模块的排列造成译码困难 的可能性降为最小
扩充解释(可选)	这种方式使符号可以表示缺省字符集以外的数据(如阿拉伯字符、古斯拉夫字符、希 腊字母等),以及其他解释(如用一定的用压缩方式表示的数据)或者对行业特点的 需要进行编码
独立定位功能	有

6)汉信码

汉信码是中国物品编码中心(以下简称编码中心)承担的国家重大科技专项《二维条码新码制开发与关键技术标准研究》课题的研究成果,该课题已于 2005 年 12 月 26 日顺利通过国家标准委组织的项目验收,验收专家组一致认为该课题攻克了二维条码码图设计、汉字编码方案、纠错编译码算法、符号识读与畸变矫正等关键技术,研制的汉信码具有抗畸变、抗污损能力强,信息容量高等特点,达到了国际先进水平。

编码中心在完成该国家重大标准专项课题的基础上,于 2006 年向国家知识产权局申请了《纠错编码方法》《数据信息的编码方法》《二维条码编码的汉字信息压缩方法》《生成二维条码的方法》《二维条码符号转换为编码信息的方法》《二维条码图形畸变校正的方法》六项技术专利成果,并全部获得国家授权。

汉信码码制与现有二维条码码制相比较,具有如下特点。

Ⅰ.知识产权免费

作为完全自主创新的一种二维码码制,汉信码的六项技术专利成果归编码中心所有。编码中心早在汉信码研发完成时即明确了汉信码专利免费授权使用的基本原则,使用汉信码码制技术没有任何的专利风险与专利陷阱,同时不需要向编码中心以及其他任何单位缴纳专利使用费。

Ⅱ.汉字编码能力超强

汉信码是目前唯一一个全面支持我国汉字信息编码强制性国家标准 GB 18 030-2005《信息技术信息交换用汉字编码字符集基本集的扩充》的二维码码制,能够表示该标准中规定的全部常用汉字、二字节汉字、四字节汉字,同时支持该标准在未来的扩展。

在汉字信息编码效率方面,对于常用的双字节汉字采用 12 位二进制数进行表示,在现有的二维条码中表示汉字效率最高。

Ⅲ. 极强抗污损、抗畸变识读能力

由于考虑了物流等实际使用环境会给二维条码符号造成污损,同时由于识读角度不垂直、镜头曲面畸变、所贴物品表面凹凸不平等原因,也会造成二维条码符号的畸变。为解决这些问题,汉信码在码图和纠错算法、识读算法方面进行了专门的优化设计,确保汉信码具有极强的抗污损、抗畸变识读能力。现在汉信码能够在倾角为 60° 情况下准确识读,能够容忍较大面积的符号污损。因此,汉信码特别适合于在物流等恶劣条件下使用。

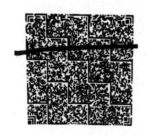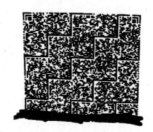

图 5-58　汉信码污损畸变符号识读

Ⅳ. 识读速度快

为提高二维条码的识读效率,满足物流、票据等实时应用系统的迫切需求,汉信码在信息编码、纠错编译码、码图设计方面采用了多种技术手段提高了汉信码的识读速度。目前,汉信码的识读速度比国际上的主流二维条码— DataMatrix(DM)还要高,汉信码更便于广泛地在生产线、物流、票据等实时性要求高的领域中应用。

Ⅴ. 信息密度高

为提高汉信码的信息表示效率,汉信码在码图设计、字符集划分、信息编码等方面充分考虑了这一需求,从而提高了汉信码的信息特别是汉字信息的表示效率。当对大量汉字进行编码时,相同信息内容的汉信码符号面积只是 QR 码符号面积的 90%,是 Data Matrix 码符号的 63.7%。因此,汉信码是表示汉字信息的首选码制。

Ⅵ. 信息容量大

汉信码最多可以表示 7 829 个数字、4 350 个 ASCII 字符、2 174 个汉字、3 262 个 8 位字节信息,支持照片、指纹、掌纹、签字、声音、文字等数字化信息的编码。

Ⅶ. 纠错能力强

根据汉信码自身的特点以及实际应用需求,采用最先进的 Reed-Solomon 纠错算法,设计了四种纠错等级,适应于各种应用情形,最大纠错能力可以达到 30%,在性能上接近并超越现有国际上通行的主流二维条码码制。

Ⅷ. 码制扩展性强

作为一种自主研发的二维码码制,因为我国自主掌握汉信码的核心技术和专利,面对不同的大规模应用和行业应用,可以方便地进行汉信码技术的扩展和升级。例如,为了满足移动商务领域的应用需求,研发的系列微型汉信码和彩色汉信码,以及为了提高安全性,而开发与多种加密算法和协议进行集成的加密汉信码等。

随着汉信码国内和国际标准的制定和发布,汉信码获得了很多设备提供商的技术支持。北洋、SATO 等制造商的某些型号打印机能够实现汉信码的打印输出;新大陆、霍尼韦尔、维深、意锐新创等多家国内外识读设备制造商也都支持汉信码识读。作为国内最早研发汉信码识读设备的企业之一,新大陆相继推出十多款汉信码识读设备,并预计在 2014 年推出全国首款汉信码芯片。届时,已安装解码芯片的设备,无须再安装软件就可以识读汉信码。支持汉信码的解码芯片将降低识读设备的技术门槛和成本,并能更好地保证识读性能。这一系列自主知识产权的汉信码相关产品与设备的推出,不仅打破了国外企业对二维条码打印、识读等设备的价格垄断,还推动了国内自动识别领域的产业链升级。汉信码已经实现在我国医疗、产品追溯、特殊物资管理等领域的广泛应用,极大地推进和带动了相关领域信息化的发展和我国二维码相关产业的健康发展。

7)龙贝码

龙贝码(LPCode)是具有国际领先水平的全新码制,拥有完全自主知识产权,属于二维矩阵码,由上海龙贝信息科技有限公司开发。

龙贝码与国际上现有的二维条码相比,具有更高的信息密度、更强的加密功能、可以对所有汉字进行编码、适用于各种类型的识读器、最多可使用多达 32 种语言系统、具有多向编码/译码功能、极强的抗畸变性能、可对任意大小及长宽比的二维条码进行编码和译码。

国际上现有的二维条码普遍停留在一维的编码方式上,即只能同时对一种类型、单一长度的数据进行编码。龙贝码是目前唯一能对多种类型、不同长度的数据同时进行结构化编码的二维条码。

龙贝码的特点如下。

Ⅰ.允许码型——长宽比任意变化

即在二维条码的很多实际应用中,由于允许可以打印的空间非常有限,所以不仅要求二维条码有更高的信息密度及更高的信息容量,而且要求二维条码的外形长宽比可调,可以改变二维条码的外形,以适应不同场合的需要。

二维条码最常用的是二维矩阵码,二维矩阵码在编码原理和编码形式上都于一维条码及堆栈码有着本质性的区别。二维矩阵码的信息密度和信息容量也都远大于一维条码及堆栈码。但不幸的是,由于纠错编码算法对二维矩阵码编码信息在编码区域中分配的有严格的特殊要求和限制,尤其是在二维条码内还有很多不同性质的功能图形符号(Function Pattern),这就更增加了编码信息在编码区域中分配的难度。

想不改革传统的规定固定模式的编码信息在编码区域中分配的方法,要任意调节二维条码的外形长宽比这是不可能的,所以目前国际上所有的二维矩阵条码基本上全都是正方形,而且只提供有限的几种不同大小的模式供用户使用,这样大大地限制了二维矩阵条码的应用范围。如 Data Matrix Code,MaxiCod,QR Code 等。

龙贝码提出了一种全新的通用的对编码信息在编码区域中分配算法。不仅能最佳地符合纠错编码算法对矩阵码编码信息在编码区域中分配的特殊要求,大幅度地简化了编码/译码程序,而且首次实现了二维矩阵码对外形比例的任意设定。龙贝码可以对任意大小及长宽比的二维码进行编码和译码,如图 5-59 所示。因此,龙贝码在尺寸、形状上有极大的灵活性。

图 5-59　龙贝码示例

Ⅱ. 具有高抗畸变能力和完美的图像恢复功能

由于龙贝码采用了全方位同步、信息的特殊方式,还可以有效地克服对现有二维条码抗畸变能力很差的问题(图 5-60),这些全方位同步信息可有效地用来指导对各种类型畸变的校正和图像的恢复。

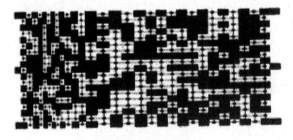

(a) 透视畸变　　　　　　　　　　　　(b) 扫描速度变化畸变

图 5-60　龙贝码抗畸变能力示例

码内可以存储 24 位或更高的全天然彩色照片

条码面积:4.0cmX1.5 cm=6.0 cm

照片性质:24 位全天然彩色照片

照片尺寸=128X128=16 384 像素

照片信息量:24X 16 384=393 216 二进制位

信息密度=393 216/6.0=65 536.00 二进制

Ⅲ. 特殊掩膜码加密

龙贝码好比一只保险箱,龙贝码各种特殊复杂的编码/译码算法又好比一把保险箱的锁,把编码信息牢牢地锁在保险箱内。特殊掩膜加密码又大大增强了龙贝码的加密能力。如特殊掩膜加密码只有一位,它有 0、1 二种状态,好像把编码信息放在一个保险箱内,再把这个保险箱放在另外一个保险箱内。要努力打开两个相同难度的保险箱锁,才可能拿到保险箱内的编码信息。如特殊掩膜加密码有二位,好比把编码信息放在四层保险箱内特殊掩膜加密码的位数按算术级数增加,保险箱的层数则按几何级数增加。

阿凡提的故事给人们对几何级数有一个很直观的理解。阿凡提要求国王给他的粮食放在棋盘里,棋盘第一格放一粒米,第二格放二粒米,第三格放四粒米整个国库里的米都放不下一只棋盘。请注意这棋盘只有 64 格,相当于 64 位二进制数。

而我们的特殊掩膜加密码有 8960 二进制数位,假设保险箱厚度是 5 厘米,保险箱一层紧贴一层叠加,当叠加到相当于二进制数 8960 位时,最外层的保险箱尺寸比地球围绕太阳运转的轨道直径还要大很多。要打开这么多层天文数字的保险箱是绝对不可能的。用统计学的术语来讲这就是零概率,或不可能事件。

Ⅳ. 适用多种方式识读

龙贝码是一种具有全方位同步信息二维条码系统,这是龙贝码不同于其他二维条码的又一重要特征。

条码本身就能提供非常强的同步信息。根本改变了以往二维矩阵条码对识读器系统同步性能要求很高的现状,它是面向各种类型条码识读设备的一种先进的二维矩阵码。

它不仅适用于二维 CCD 识读器,而且它能更方便、更可靠地适用各种类型的、廉价的、采用一维 CCD 的条码识读器。甚至不采用任何机械式或电子同步控制系统的简易卡梢代及笔式识读器。这样可以降低产品的成本,提高识读器工作可靠性。

8)网格矩阵码(GM 码)和紧密矩阵码(CM)

矽感科技公司自 2000 年起开始研发二维条码技术,目前已经在国内外获得了数十项专利和计算机软件著作权,所研制的网格矩阵码(GM 码)和紧密矩阵码(CM),是我国拥有完全自主知识产权的二维条码。2008 年 12 月被全球自动识别和移动技术协会(AIM Global)批准为国际标准。2012 年 5 月被正式颁布为国家标准。

(a) CM码　紧密矩阵码　　　　　　　　(b) GM码　网格矩阵码

图 5-61　CM 码和 GM 码示例

Ⅰ. 网格矩阵码——GM 简介

a. 构成元素

Grid MatrixC(以下简称 GM)码的结构如图 5-62 所示, GM 码符号为正方形,由正方形的宏模块组成,每个宏模块由 36 个模块组成,边缘的 20 个模块固定为白色或黑色,实际上构成了 GM 码的定为图形,边缘为白色的宏模块被称为白边宏模块;边缘为黑色的宏模块被称为黑边宏模块,在符号中黑边宏模块和白边宏模块交替排列构成符号的寻像图形。

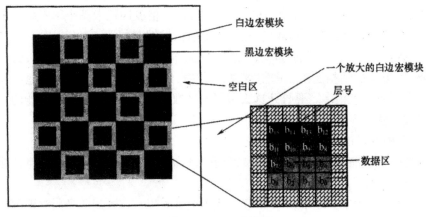

图 5-62　GM 码结构

b.GM 码的特点

基本特征

可编码字符：数字，英文字符，中文字符，8-Bit 字节。

符号规格；3X3 宏模^-27X27 宏模块，版本 1…版本 13。

纠错等级：1 级…5 级，10%…50%。

数据压缩与容量

对数据进行分类压缩。各类数据的大致压缩比：

汉字：82%；

数字：42%；

纯大写或纯小写字母：63%；

大小写混合：75%；

二进制数据：无压缩；

应用层可以采取自定义压缩算法。

最大容量：2751 数字或 1836 纯大小（小写）字母或 1529 大小写混合字母或 705 汉字或 1143 字节二进制数据。

抗污损与抗畸变能力

GM 码抗污损能力强，没有"死穴"。在纠错等级允许的范围内，GM 码的任一部分被破坏均可正确识读。

一般二维码在其周围有固定的图形模式用于探测条码，这些图形模式被污损将导致无法解码。实际应用中码图四周正好是比较容易受污损的区域。

GM 码抗畸变能力强。GM 码用黑白交替的宏模块边框均匀分布于整个码图，根据这些边框可方便地探测和识读，并实现畸变的校正。

Ⅱ. 紧密矩阵码—GM 简介

a. 构成元素

Compact Matrix（以下简称 CM 码）即紧密矩阵码，是一种大容量的二维矩阵码，其符号结构如图 5-63 所示,其开始图形和结束图像即起到了寻像图形的作用,且开始图形和结束图形条空比不同,便于区分;其数据分割图形和定位图形起到了校正和定位的功能;CM 的格式信息位于每个数据段的开头,便于检测。

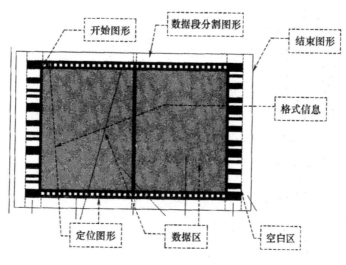

图 5-63　CM 符号结构

b.CM 码优势

CM 码图采用齿孔定位技术和图像分段技术,通过分析齿孔定位信息和分段信息可快速完成二维条码图像的识别和处理。大大减少了硬件设备进行图像处理的资源需求,从而使设备成本大幅降低。具有大容量、高密度、高可靠性、可扩展性强、低成本等主要特性。

CM 码被设计用于接触式扫描识读,其超大容量特别适用于证卡、公文等系统。

Ⅲ.与常用二维条码的技术比较

由以上技术特性,矽感二维条码的优势在于——继承了一维条码所有的快速、准确、可靠、制作成本低的优点,另外具有支持多种文字、支持图形信息、信息容量大、无须数据库支持、纠错性能强等特性。

PDF417 码、QR 码、矽感 GM 二维码主要参数比较见表 5-31。

表 5-31　PDF417 码、QR 码、矽感 GM 二维码主要参数比较

主要参数	最大存储容量	纠错信息	中文编码优化	识别方式	抗畸变、抗污损能力
PDF417	1106(0.2%纠错信息)	9 级纠错信息,由 2 个纠错码词到 512 个纠错码词按等比递增	无	激光光栅扫描或面阵成像	开始/停止模式与层指示符不能同时被破坏.
QR	2953 (7%纠错信息)	四个可选纠错信息:7%, 15%, 25%,30%	有	面阵成像	定位模式不能被破坏,对表面平整度的要求高,污损被确定为擦除错误的比例低,定位模式在边角,容易丢失

续表

主要参数	最大存储容量	纠错信息	中文编码优化	识别方式	抗畸变、抗污损能力
GM	1143 （10%纠错信息）	10%至50%5级纠错信息,由低到高等差递增	有	面阵成像	纠错等级容许的前提下任何区域都可以被污损,每个码词可被独立定位,擦除错误容易被发现。可容忍大角度的弯折以及透视形变

6. 二维条码识读设备

二维条码的阅读设备依据阅读原理的不同可分为如下几类。

（1）线性 CCD 和线性图像式阅读器（Linear Imager）:可阅读一维条码和线性堆叠式二维条码（如 PDF417）,在阅读二维码需要沿条码的垂直方向扫过整个条码,我们称为"扫动式阅读"。这类产品比较便宜。

（2）带光栅的激光阅读器:可阅读一维条码和线性堆叠式二维条码。阅读二维条码时,将光线对准条码,由光栅元件完成垂直扫描,不需要手工移动。

（3）图像式阅读器（Image Reader）:采用面阵 CCD 摄像方式将条码图像摄取后进行分析和解码,可阅读一维条码和所有类型的二维条码。

另外,二维条码设备的识读设备按照工作方式的不同还可以分为:手持式、固定式和平版扫描式。二维条码设备的识读生成对于二维码生成的识读会有一些限制,但是均能识别一维条码。二维条码识读和赋码设备示例见图 5-64。

　(a) 热转印标签打印机　　　　　(b) 自动贴标打标机　　　　(c) GM900二维码PDA

图 5-64　二维码识读和赋码设备示例

5.5.3　条码技术在食品安全溯源体系中的应用

1.DNA 条形码对食品的鉴定和溯源

原料是食品的基础,在鉴定原料的来源和质量时,DNA 条形码是非常有效的工具,它同时也能检测在食品产业链条中的掺假行为（如使用非牛羊肉作为牛羊肉出售）。虽然食品都有标签,但实际上标签并不能保证产品的实际组分,因此,就有必要使用准确及可靠的方法来对食品的组分进行鉴定。这些鉴定方法可以保护消费者和生产者的安全并免受欺诈,同时也能保护一些动物物种免受过度或非法捕猎。当受检产品或原料具有较低的种内多态性时, DNA 条形码能达到很高的分辨率,能够区分在进化上或者分子水平上非常接近的种群。但是,它的表现会受到待检物种的分子变异程度的强烈影响。

1)可食用植物的鉴定和溯源

在食品安全领域非常关注植物品种的真假及其来源的可追溯性。在过去二十几年间,一些分子方法已被用于检测多种作物品种,如大米、玉米、高粱、大麦、黑麦等。这些方法对于生产者和消费者都非常有用,生产者对保护和证明他们的作物感兴趣,消费者则对食物的质量和来源感兴趣。转基因作物的日益扩散,进一步增加了使用分子技术来追踪转基因的需求。近年来,为鉴定可食植物(包括转基因植物),研究人员开发了专门的植物物种和品种的鉴定系统,如复合 DNA 微阵列芯片。然而,这些分子方法有共同局限性就是由于待测样本的高度种属特异性,很难有通用方法。DNA 条形码在鉴别植物方面为可靠的可替代 DNA 指纹方法,具有较高的效益/成本比。相对于那些检测方法而言,DNA 条形码并不要求对每个生物体的基因组都有所了解,它只要一个或几个通用标记就能完成鉴定的。

如今,在植物学领域的 DNA 条形码研究正在从对不同标记的性能分析向更实用的应用迈进。对于追溯植物原料,使用 DNA 条形码已没有任何技术障碍。通过 marK+rbcL 基因核心区和 rnH-psbd 基因间隔区的检测实现了对薄荷属、罗勒属、牛至、鼠尾草、百里香和迷迭香的物种分析。用 DNA 条形码,最常见的香料均可以被识别,但些香料如马郁兰和牛至除外,这是因为连续的杂交,导致种内多样性较种间多样性的程度还高。DNA 条形码也被用来研究野生植物和栽培植物,以及它们的遗传关系。Bruni 等评估了 TDNA 条形码在区分可食用品种和有毒品种时的有效性,证明栽培品种的马铃薯和杏与它们的有毒同属品种有明显的分子进化差异。这个研究表明,DNA 条形码可以用于区分可食用品种和它们对应的非食用或有毒的同属物种。采用通用条形码标记的最大限制在于鉴定同属的不同品种,它们之间的遗传变异度有限,并且由于杂交更增加了基因的复杂度。为了克服这些限制,一些研究人员提出了超级条形码方法,它是基于整个质体基因组和核基因组的大部分序列。这种组合为低于种属级别的生物品种的遗传多态性鉴定提供了足够的信息,可用于区分纯系和杂交品种,因此它远比传统的 DNA 条形码敏感。但是,这种方法违背了基本 DNA 条码的方法原则,即只需要短的 DNA 片段和广谱的 DNA 区域。同时,由于其过高的成本/收益比而注定它难以被大规模应用。

2)海鲜的鉴定和溯源

DNA 条形码在对海鲜溯源上被证明特别有效。"海鲜"通常用来表示可在市场上获得的可食用的水产品,包括鱼类、软体动物、甲壳类和棘皮动物的新鲜产品或加工产品。海鲜一般是根据产区和其特征性形态进行描述,但是,由于对海鲜的需求增加和市场全球化,使得对贸易线路和原料的产品加工(即存储、冷藏和干燥)的控制更加困难。此外,一些新的物种也被不断引入市场,这些新的物种有时和市场上其他产品有相同的商品名,但其实它们并非相同物种,它们也可能具有不同的营养价值和/或潜在的抗原性。DNA 条形码在海鲜上应用的成功基于几个原因。

(1)相对于其他动物来源(如牛、山羊、马等),海鲜的物种数量较高,使得该技术的有效性得到增强;

(2)传统的鉴定方法在许多情况下是没有用的,特别是加工食品;

(3)由于海鲜的种类远多于其他能够作为食物的其他物种,在海鲜上进行分子识别可以比在物种上走得更远,能够鉴定大量的特色品种,并能确定某种产品的原产地。

3)肉类的鉴定和溯源

肉类一般都存在生产周期长和分销链复杂的特点,这需要有适当的可追溯系统。肉类食品中的一些致病菌(如疯牛病、禽流感)和一些生产商的不当行为更增加了公众对肉类的来源和质量的关注度。以 DNA 为基础对肉类的溯源方法包括 PCR-RFLP、物种特异性 PCR 和测序等。这些方法除了对细胞核中的基因组进行标记,同时也对线粒体 DNA 进行标记。Teletchea 等于 2008 年提出了一种基于微阵列的方法,该方法利用细胞色素 b 基因衍生的探针来鉴定商业和濒危脊椎动物物种的肉类食品和法医样品。色素 b 区是一个典型的 DNA 条形码的候选区,它具有很好的种向特异性和较低的种内多样性,同时还存在一个保守的侧翼区。现有人建议使用色素 b 区替代 coxI 基因,主要是因为对基因序列的可获得性。目前已有大量的食用哺乳动物类的细胞色素 b 基因序列被存放在公共数据库中,然而却只有相对较少的可供获得和参考的 cox1 基因序列。尽管缺乏此基因数据,根据 cox/基因建立的对肉类溯源的 DNA 条形码技术实际上仍是种非常可靠的方法。针对禽肉类产品而言,基于 coxI 基因的 DNA 条形码能够对各种禽类得到鉴别,但它在肉类溯源中的使用依然有限。

2. 二维码在农产品溯源系统中的应用

农产品溯源系统主要以二维条码为载体,对农产品质量安全进行全程追溯。通过图形识别功能对农产品的真伪、原材料、生产制造、流通、销售、农产品基本功用等信息进行云计算识别和解析,确保对农产品真伪的保护,为农产品的质量安全应用对象(政府、企业以及消费者)提供服务。

1)农产品溯源系统的设计

农产品溯源系统主要为农产品生产者提供安全生产管理服务和为消费者提供农产品溯源服务,所以,将系统功能设计为种植基地信息管理、采收包装信息管理、质量监督管理、物流运输信息管理和销售信息管理五个模块。

2)农产品溯源系统的功能

(1)种植基地信息管理。种植基地信息管理模块是农产品溯源系统的基础模块。主要功能是记录农产品的详细种植信息,如种植品种、播种记录、灌溉记录、施肥记录、病虫害防治记录等,并对农药管理加以记录,如购买、存放、使用及安全期等信息。对于使用过期、禁用等农药,将发出警告提示信息。考虑到农产品基地的环境因素,设计中的信息采集采用手持设备和计算机录入 2 种方式结合使用,将种植信息上传到数据库服务器,改变了传统的手写记录方式,方便了管理人员记录信息,实现了信息的实时采集,提高了工作效率,保证了数据的准确性。农产品采摘后,采摘日期、地块编号和采摘顺序组合成批次号,将此批次号同农产品的详细种植信息、基地管理人员的基本信息记载到二维条码标签中,贴在每一批农产品上,并将该二维条码信息提供给下一个模块。

(2)采收包装信息管理。由于二维条码可以方便地添加信息,在农产品成熟采收后加工企业首先读取该农产品的二维条码信息,根据相关要求将农药残留检测结果、加工单位、加工日期、加工方式、农产品的分级、操作人员姓名,以及包装质量等相关信息添加到二维条码中。经过加工企业的数据充实后,产地信息、农药残留检测及加工环节信息都已经存储在该二维条码中,消费者在超市或批发市场通过终端查询该产品的二维条码,便可以对该农产品从种植到加工包装的所有相关信息一览无余,对于事后追溯也变得简便易行。

（3）质量监督管理。在质量监督管理阶段,质量监督管理部门将带有种植信息和采收信息的二维条码标签的信息通过二维条码识读设备读取相关的信息,进一步对农产品的质量进行检测,将检测报告反馈给溯源管理系统,同时将安全的农产品信息生成新的二维条码标签贴在农产品包装上,以供下一个阶段使用。

（4）物流运输信息管理。进入物流运输环节,首先用扫描器读取记载了车辆的车牌号、运输单位、是否检验检疫消毒、检验检疫消毒时间等运输车辆的基本信息的二维条码标签。在农产品装车过程中用二维条码识读设备,读取标有农产品采收信息及质量检测的二维条码标签,如果检测到存在生产质量问题的农产品将不予装车。装车完毕时,监装人员在运输系统中记载装车时间、发车时间、出发地、目的地、工作人员姓名,及运输车辆的相关信息,并生成一个二维条码标签贴于农产品包装上,为后续的流程提供了保障。

（5）销售信息管理。包装加工好的农产品进入销售环节后,经营者用手持二维条码识读设备,读取包装上的二维条码信息（如销售点、经营者、进货渠道、销售日期等）合并产生追溯码,此追溯码可以在商品出售时,用溯源电子秤把溯源码打印在收银条上,交给消费者。

第 6 章　总结与展望

6.1　总结

近几年频繁发生的食品安全事故引起了消费者的恐慌,导致了消费者对食品加工行业的信心大失,这极大地阻碍了食品加工业的发展,也对食品加工企业的效益产生影响。同时加工食品安全事故的不断发生使产品出口遭遇瓶颈,为国家经济的发展带来损失。基于这一问题,各级政府与企业都加大了对食品安全问题的关注度,逐步采取积极的措施改变这一局面。纵观近几年食品行业安全问题的改变现状,可追溯系统的投入成了解决食品安全问题最行之有效的方法。

本书研究的食品安全溯源技术有着一定的理论价值和实际意义。食品的追溯系统应该建立在产业链的基础上,从产业链源头开始,一直到产品销售到终端消费者,实现食品安全全程相关信息的跟踪和回溯,为质量监管、消费者参与、产品召回、责任人确定、企业信用等管理活动提供数据支撑。现在对本书做出以下总结:

本书首先介绍了课题选题的背景及意义,明确了本课题研究的必要性;

其次分析了食品安全溯源和国内外研究现状。在章节最后,给出了本书研究的主要内容、研究方法。

第 2 章介绍了食品安全溯源体系的概述,主要介绍了食品安全溯源基本理论、原理、结构、功能。

第 3 章分析食品安全溯源在欧盟、美国、日本的发展以及在我国的发展状况,针对我国食品安全溯源体系面临的障碍,提出建设食品溯源体系的必要性。

第 4 章是核心部分,介绍了食品安全溯源的相关技术,如 EAN.UCC 系统标识技术、RFID 无限射频识别技术、同位溯源技术以及条码技术。并简单介绍相关技术的应用情况。

6.2　不足与展望

通过文献回顾学习和实地调查研究,本书在整体性思想的指导下对食品安全追溯进行了深入的分析和探讨,不仅理解了整体性治理在实际应用方面的重要意义,而且探索到了食品安全追溯体系研究的广度和深度,并且充分认识到自己知识储备的不完善和视野结构的不广泛,如产品追溯编码的设计、追溯防伪标识的融入以及追踪溯源终端设备的选择等细节还有更多的可能性值得去探索和研究。

食品质量安全可追溯体系的建立涉及消费者、企业、监管部门等各个方面,在我国机构改革稳步推进的过程中,随着技术的不断成熟及制度的不断完善,食品安全的管理将配合政府实行的整体性运作逐渐走向科学化、信息化,监管部门必将通过建立一个完整的平台来加强对各级生产企业质量安全监管的重视。同时通过发布更加完善的法律法规、制度体系来对约束食品加工企业行为规范,保障消费者的权益,也通过制定更加标准的食品生产条例,指导生产企业科学生产,引导消费者自主保障自身消费安全。在此,对食品生产质量安全追溯体系的构建提出以下几点展望。

1. 从国家发展大形势上加强对追溯体系建设的政策支持和强制力

在食品安全标准与监测评估“十四五”规划中,党中央、国务院始终把食品安全摆在突出重要位置。其中提到要加大信息公开力度,建立食品质量追溯体系,成功实施食品安全追溯的重要保障就是有法可依。因此,各部门及各地方政府企业应尽快按照国家立法的规定,明确追溯对象、追溯信息、追溯环节、追溯主体、法律责任等相关内容,将食品质量安全可追溯的要求落到实处。同时,增加强制性条款,执行立法的强制力,加大对提供违法行为的惩处力度,保障追溯信息的准确性和可靠性。

2. 协调各参与主体功能,明确各部门责任

食品可追溯体系涉及生产、流通、消费、监管等方面,只有各方面协调合作,才可实现贯穿食品全生命周期的追溯与监管。因此,每个环节的责任人须加强对可追溯体系的认知程度,积极参与并落实各自环节的可追溯工作,以进一步整合资源,建立全国统一的食品质量安全追溯体系。通过建立国家、省、市、县、企业(包括生产加工企业、销售企业)、消费者多级共享互联互通的可追溯平台,借助追溯载体通过可追溯网络进行实时追踪和监管,以保证食品安全。

3. 完善追溯平台的技术支持与配套设施

首先需要建立与国外接轨的全国统一食品安全标识系统,如全球统一标识系统和通用商业语言;其次应完善和统一食品包装、标签等追溯信息载体,如二维码、RFID 标签等。此外可推广普及多样性食品可追溯终端,以满足不同应用场景下的应用需求,提高操作效率和准确率,体现可追溯系统的完整性和可行性。

参 考 文 献

[1] 刘书明. 基于物联网技术的玉米产品可追溯系统研究[D]. 长春:吉林农业大学,2015.

[2] 王伊云,胡荣柳. 原料追溯性在企业食品质量安全监管中的问题及对策[J]. 食品安全导刊,2020:68-69.

[3] 吕永好. 基于物联网的食品生产信息可追溯系统关键技术研究[D]. 温州:温州大学,2018.

[4] 郭波莉,魏益民,潘家荣. 同位素源技术在食品安全中的应用[J]. 核农学报,2006,20(2):148-153.

[5] 曹颖露. 我国食品安全信息追溯制度的完善[D]. 绵阳:西南科技大学,2014.

[6] 朱思吟. 基于 RFID 的农产品追溯系统的研究与实现[D]. 扬州:扬州大学,2018.

[7] 杨烈君,钱庆平,杨慧玲. 基于物联网 RFID 的农产品溯源系统的研究[J]. 长春师范大学学报(自然科学版),2014(4):61-63,76.

[8] 张成海. 食品安全追溯技术与应用[M]. 北京:中国标准出版社,2012.

[9] 张榆辉,余永成,蔡水狮.RFID 技术在食品安全溯源方面的应用[J]. 现代食品,2015(19):54-56.

[10] 石玉芳,卜耀华,张杰. 二维条码在农产品追溯系统中的应用[J]. 农产品加工(学刊),2014,(1):67-68.

[11] 齐婧. 矿物元素和稳定同位素在肉类食品产地溯源中的应用研究进展[J]. 肉类研究,2019(33):67-70.

[12] 王烁. 基于物联网技术的冷链食品安全追溯系统分析与设计[D]. 成都:西南交通大学,2012.

[13] 潘家荣,朱诚. 食品及食品污染源技术与应用[M]. 北京:中国质检出版社,2014.

[14] 刘姗姗. 食品安全可追溯法律制度研究[D]. 西宁:青海民族大学,2017.

[15] 刘凯,吕璐. 基于物联网技术的产品可追溯系统研究[J]. 湖北理工学院学报,2015,31(2):27-30.

[16] 李香庭. 我国食用农产品质量安全追溯制度完善研究[D]. 烟台:烟台大学,2019.

[17] 李静. 射频识别管理系统在肉食品质量安全追溯中的应用[J]. 无限互联科技,2019(20):45-46.

[18] 赵颖. 食品安全可追溯管理体系的构建研究:以天津市为例[D]. 天津:天津大学,2015.

[19] 孙浩,蔡慧农,王力. 食品可追溯体系的发展现状[J]. 食品工业,2013,34(8):199-202.

[20] 段磊.Z 县食品安全追溯平台建设研究[D]. 石家庄:河北科技大学,2017.

[21] 邵锐坤. 论《商品条码管理办法》的修改与完善[J]. 中国标准化,2019(16):223-224.

[22] 唐晓惠. 我国食品安全可追溯系统建设研究[D]. 南京:南京工业大学,2015.

[23] 刘胜利. 食品安全 RFID 全程溯源及预警关键技术研究[M]. 北京:科学出版社,2012.

[24] 通旭明,袁艳红,牛佳宁,等. 基于二维码的食品安全溯源技术的研究[J]. 电脑编程技巧与维护,2020(1):153-155.